U0114123

AI绘画

从ChatGPT文案
到Midjourney绘图实战

雨佳◎编著

中国铁道出版社有限公司
CHINA RAILWAY PUBLISHING HOUSE CO., LTD.

图书在版编目（CIP）数据

AI绘画：从ChatGPT文案到Midjourney绘图实战 /
雨佳编著.—北京：中国铁道出版社有限公司，2023.12
  ISBN 978-7-113-30644-1

Ⅰ.①A… Ⅱ.①雨… Ⅲ.①人工智能-应用-图像
处理软件 Ⅳ.①TP391.413

中国国家版本馆CIP数据核字（2023）第200855号

书　　名：**AI 绘画——从 ChatGPT 文案到 Midjourney 绘图实战**
　　　　　AI HUIHUA：CONG ChatGPT WEN'AN DAO Midjourney HUITU SHIZHAN
作　　者：雨　佳

责任编辑：张亚慧　　编辑部电话：（010）51873035　　电子邮箱：lampard@vip. 163. com
封面设计：宿　萌
责任校对：苗　丹
责任印制：赵星辰

出版发行：中国铁道出版社有限公司（100054, 北京市西城区右安门西街8号）
网　　址：http://www.tdpress.com
印　　刷：北京盛通印刷股份有限公司
版　　次：2023 年 12 月第 1 版　2023 年 12 月第 1 次印刷
开　　本：710 mm×1 000 mm 1/16　印张：12.75　字数：219 千
书　　号：ISBN 978-7-113-30644-1
定　　价：79. 00 元

前　言

　　人工智能技术在数字化时代已经日益成为促进社会发展的中流砥柱，从智能语音助手到智能写作、绘画，学习 AI 技术是当下的必然选择。

　　在这本书中，将探索人工智能如何学习文案创作及绘画艺术，深入研究 AI 技术在文字处理、艺术创作和创意表达方面的潜力。无论是专业文案策划师、绘画艺术家，还是对这些领域感兴趣的普通读者，本书都将为你揭示 AI 技术所带来的无限可能性。

　　本书的内容分篇如下：

一、AI 绘画入门篇

　　主要对 AI 的绘画功能进行基础性了解，方便感兴趣的普通读者能快速看懂 AI 绘画在实际生活中的广泛运用。

　　（1）了解 AI 绘画

　　介绍 AI 绘画的概念及特点，讲述当今时代 AI 绘画对人类科技及文化进步方面产生的影响。

（2）AI 绘画的工具

AI 绘画的工具主要包括生成文案的脚本工具及通过以图生文的绘画工具，通过介绍多种工具，能为读者在进行 AI 绘画创作时提供多种选择。

二、脚本文案篇

在了解基本的 AI 绘画基础知识及相关平台介绍后，需要对生成 AI 绘画文案的脚本工具的使用方法进行具体介绍。

（1）ChatGPT 的基础操作

ChatGPT 的基础操作主要包括了解 ChatGPT 的发展历史及主要功能等，这有助于读者快速了解脚本工具的运行本质，同时对 ChatGPT 的使用方法和操作流程进行了简单的入门介绍。

（2）ChatGPT 的进阶操作

在掌握基本的入门操作后，介绍 ChatGPT 的进阶操作，包括如何对生成的文本进行优化，如何通过优化提问技巧，使 ChatGPT 生成的答案更符合读者所想要的内容，包括提升文本的精准度和获取关键词的方式这两方面的技巧。

三、绘制实战篇

对生成 AI 绘画的绘制平台进行介绍，主要通过文心一格、Midjourney 和剪映手机版对绘制 AI 作品的流程进行讲解，包括以文生图、以图生图、混合生图、以图片生成视频等方面，进行系统且细致的讲解。

（1）文心一格的使用

文心一格是国内的 AI 绘画平台，操作简单，可以作为 AI 绘画新手的入门平台，主要介绍文心一格的基础使用方法及进阶玩法。

（2）Midjourney 的使用

Midjourney 是一款国外的 AI 绘画平台，拥有大量的数据库，生成的图片质量也相对更好，对于想进一步掌握 AI 绘画这门技术的相关读者来说，掌握 Midjourney 的绘制技巧是必不可少的。

（3）剪映生成 AI 视频

目前，剪映手机版是一款十分简单且容易操作的生成 AI 视频的软件，通过剪映自带的几款功能就能够轻松生成 AI 视频。

四、专题案例篇

在掌握了脚本文案及 AI 绘画的创作工具、使用方法后，读者可以跟随相关专题案例进行实操练习，分别介绍以文生图的操作案例、利用 Midjourney 平台进行绘画的操作案例、横向展示多种 AI 绘画作品风格的操作案例。

（1）二次元动漫风格作品绘制

二次元动漫风格常常表现出丰富的情感和想象力，带有一定的幻想和超现实的元素。本章以该风格为例，介绍从利用 ChatGPT 生成关键词文案到利用 Midjourney 绘制漫画的操作过程，以及生成连续性漫画的进阶操作。

（2）写实摄影风格作品绘制

摄影类的 AI 绘画作品在生活中运用较多，且生成难度较大，如果读者想要进一步深入了解 AI 绘画的操作方法，这一章可以作为进阶练习，本章利用建筑和风光两个摄影风格案例，为读者介绍 AI 作品的基本绘制流程。

（3）AI 绘画的多种风格展示

以综合案例的形式，对常见、常用的几种 AI 绘画风格进行了案例展示，具体包括人像、动物、建筑及其他风格作品，通过展示多种风格的作品，可以让读者对自己感兴趣的作品类型进行自主选择。

读者根据书中内容进行学习时，有几点特别提示如下：

（1）版本更新

本书在编写时是基于当前各种 AI 工具和软件的界面截的实际操作图，但本书从写作到出版需要一段时间，这些工具的功能和界面可能会有变动，请在阅读时，根据书中的思路，举一反三，进行学习。其中，ChatGPT 为 3.5 版，Midjourney 为 5.1 版。

（2）关键词的定义

关键词又称为指令、描述词、提示词，它是我们与 AI 模型进行交流的机器语言，书中在不同场合下使用了不同的称谓，主要是为了让大家更好地理解这些行业用语，不至于一叶障目。另外，很多关键词暂时没有对应的中文翻译，强行翻译为中文也会让 AI 模型无法理解。

（3）关键词的使用

在 Midjourney 中，尽量使用英文关键词，对于英文单词的格式没有太多要求，如首字母大小写不用统一、单词顺序不用太讲究等。但需要注意的是，每个关键词中间最好添加空格或逗号，同时所有的标点符号使用英文字体。最后再提醒一点，即使是相同的关键词，AI 模型每次生成的文案或图片内容也会有差别。

上述注意事项在书中也有多次提到，这里为了让读者能够更好地阅读本书和学习相关的 AI 绘画知识，而做了一个总结说明，避免读者产生疑问。

由于作者知识水平有限，书中难免有疏漏之处，恳请广大读者批评、指正。沟通和交流请联系微信：2633228153。

雨　佳

2023 年 9 月

目　　录

【AI 绘画入门篇】

第1章　兴起：AI 绘画汹涌来袭　　1

AI 绘画的出现给传统艺术带来了新的思考，同时也为艺术创作带来了更多的可能性。目前 AI 绘画尚在探索当中，但 AI 绘画无疑为人类的生活增添了一抹亮色，随着科学技术的不断进步，AI 绘画也变得更加令人向往。

第2章　工具：生成 AI 绘画的多种利器　　27

使用各种人工智能平台能够生成不同类型的内容，包括文字、图像和视频等。用户可以根据自己需要的内容类型及相关的主题或领域来选择合适的 AI 创作平台或工具，人工智能会尽力为用户提供满意的结果。

【脚本文案篇】

第3章 入门：掌握 ChatGPT 的使用技巧　41

ChatGPT 是一种基于人工智能技术的自然语言处理系统，它可以模仿人类的语言行为，实现人机之间的自然语言交互。ChatGPT 可以用于智能客服、虚拟助手、自动问答系统等场景，提供自然、高效的人机交互体验。本章主要介绍 ChatGPT 的入门操作、使用方法及文案生成流程。

第4章 优化：AI 绘画的关键词组合　59

学习利用 ChatGPT 生成更精准的关键词能够帮助 AI 机器人在 Midjourney 等绘画平台中生成更符合我们所需要的绘画作品，本章主要讲解 ChatGPT 关键词的提问技巧、ChatGPT 生成 AI 绘画关键词的技巧及文本内容的优化技巧。

【绘制实战篇】

第 5 章 新手：文心一格快速生成画作   83

文心一格通过人工智能技术的应用，为用户提供了一系列高效、具有创造力的 AI 创作工具和服务，让用户在艺术和创意创作方面能够更自由、更高效地实现自己的创意想法。本章主要介绍文心一格的基础玩法和进阶玩法，帮助大家实现"一语成画"的目标。

第6章 高手：Midjourney 高效绘制画作 95

Midjourney 是一个通过人工智能技术进行绘画创作的工具，用户可以在其中输入文字、图片等提示内容，让 AI 机器人（即 AI 模型）自动创作出符合要求的绘画作品。本章主要介绍使用 Midjourney 进行 AI 绘画的基本操作方法，帮助大家掌握 AI 绘画的核心技巧。

第7章 运用：用剪映生成 AI 视频 123

在学会生成文案及以文生图后，还可以利用生成的 AI 图片制作成 AI 视频，剪映 App 就提供了关于生成 AI 视频的功能，可以帮助用户又快又好地制作出想要的视频效果。本章主要介绍从文案生成、AI 图片生成到运用剪映 App 的相关功能将图片制作成视频的全过程。

专题案例篇

第8章 案例：二次元动漫风格作品绘制 139

二次元（2D），用来描述平面或图像上的虚构世界，许多动漫、漫画和游戏以二次元风格为主题。二次元文化还衍生出了许多二次元偶像、二次元音乐和二次元社交活动，吸引了大批粉丝和爱好者。

第9章　案例：写实摄影风格作品绘制　　153

随着人工智能技术的发展，AI 绘画日益成为全球视觉艺术领域的热门话题。AI 算法的应用，使数字化的绘画创作方式更加多样化，同时创意和表现力也得到了新的提升。本章将通过两个写实摄影风格的作品案例对 AI 绘画的相关操作流程进行全面介绍。

在前两章的案例实战中，已经介绍了从ChatGPT文案生成到AI绘图的整个流程，以及以摄影类作品为例，介绍了以Midjourney为AI绘画生成平台的绘画作品的具体生成步骤，本章将综合常见的几种AI作品，通过横向展示的方式，向大家介绍AI绘画的几种风格。

AI 绘画——从 ChatGPT 文案到 Midjourney 绘图实战

【AI 绘画入门篇】

第 **1** 章

兴起：AI 绘画
汹涌来袭

　　AI 绘画的出现给传统艺术带来了新的思考，同时也为艺术创作带来了更多的可能性。目前 AI 绘画尚在探索当中，但 AI 绘画无疑为人类的生活增添了一抹亮色，随着科学技术的不断进步，AI 绘画也变得更加令人向往。

1.1 初识：了解 AI 绘画

AI（Artificial Intelligence，人工智能）绘画是指利用人工智能技术（如神经网络、深度学习等）进行绘画创作的过程，它是由一系列算法设计出来的，通过训练和输入数据，进行图像生成与编辑的过程。使用 AI 技术，可以将人工智能应用到艺术创作中，让 AI 程序去完成艺术的绘制部分。通过这项技术，计算机可以学习艺术风格，并使用这些知识来创造全新的艺术作品。本节将介绍 AI 绘画的概念、溯源和特点。

1.1.1 什么是 AI 绘画

AI 绘画是指人工智能绘画，是一种新型的绘画方式。人工智能通过学习人类艺术家创作的作品，并对其进行分类与识别，然后生成新的图像。只需要输入简单的指令，就可以让 AI 自动化地生成各种类型的图像，从而创作出具有艺术美感的绘画作品，如图 1-1 所示。

图 1-1　AI 绘画效果

AI 绘画主要分为两步，第一步是对图像进行分析与判断，第二步是对图像进行处理和还原。

人工智能不断发展，如今已经达到只需输入简单易懂的文字，就可以在短时间内得到一张效果不错的画面。甚至能根据使用者的要求来对画面进行改变、调整，如图 1-2 所示。

图 1-2　进行改变、调整前后的画面

　　AI 绘画的优势不仅体现在提高创作效率和降低创作成本，还在于为用户带来了更多的可能性。

1.1.2　AI 绘画的溯源

　　早在 20 世纪 50 年代，人工智能的先驱们就开始研究计算机如何产生视觉图像，但早期的实验主要集中在简单的几何图形和图案的生成方面。随着计算机性能的不断提高，人工智能开始涉及更复杂的图像处理和图像识别任务，研究者们开始探索将机器视觉应用于艺术创作当中，如图 1-3 所示。

图 1-3　AI 绘画复杂图像处理

　　直到生成对抗网络的出现，AI 绘画的发展速度逐渐加快。随着深度学习技术的不断发展，AI 绘画开始迈向更高的艺术水平。由于神经网络可以模仿人类大脑的工作方式，它们能够学习大量的图像和艺术作品，并将其应用于创造新的艺术作品当中。

到如今，AI 绘画的应用越来越广泛。除了绘画和艺术创作之外，它还可以应用于游戏开发、虚拟现实及 3D 建模等领域，如图 1-4 所示。同时，也出现了一些 AI 绘画的商业化应用，例如，将 AI 生成的图像印制在画布上进行出售。

图 1-4　使用 AI 绘画绘制游戏开发效果

总之，AI 绘画是一个快速发展的领域，在提供更高质量设计服务的同时，将全球的优秀设计师与客户联系在一起，为设计行业带来了创新性的变化，未来还有更多探索和发展的空间。

1.1.3　AI 绘画的特点

AI 绘画具有快速、高效、自动化等特点，它的技术特点主要在于能够利用人工智能技术和算法对图像进行处理和创作，实现艺术风格的融合和变换，提升用户的绘画创作体验。AI 绘画的技术特点包括以下几个方面。

（1）图像生成：利用生成对抗网络、变分自编码器（Variational Auto Encoder，VAE）等技术生成图像，实现从零开始创作新的艺术作品。

（2）风格转换：利用卷积神经网络（Convolutional Neural Networks，

CNN）等技术将一张图像的风格转换成另一张图像的风格，从而实现多种艺术风格的融合和变换。图 1-5 所示为使用 AI 绘画创作的新疆胡杨树风光图，左图为写实的画风，右图为油画风格。

图 1-5　AI 创作不同风格的胡杨树画作

（3）自适应着色：利用图像分割、颜色填充等技术，让计算机自动为线稿或黑白图像添加颜色和纹理，从而实现图像的自动着色。

（4）图像增强：利用超分辨率（Super-Resolution）、去噪（Noise Reduction Technology）等技术，可以大幅提高图像的清晰度和质量，使得艺术作品更加逼真、精细。对于图像增强技术，后面还会有更详细的介绍，此处不再赘述。

> 专家提醒：超分辨率技术是通过硬件或软件的方法提高原有图像的分辨率，通过一系列低分辨率的图像来得到一幅高分辨率的图像过程就是超分辨率重建。
>
> 　　去噪技术是通信工程术语，是一种从信号中去除噪声的技术。图像去噪就是去除图像中的噪声，从而恢复真实的图像效果。

（5）监督学习和无监督学习：利用监督学习（Supervised Learning）和无监督学习（Unsupervised Learning）等技术，对艺术作品进行分类、识别、重构、优化等处理，从而实现对艺术作品的深度理解和控制。

> 专家提醒：监督学习也称为监督训练或有教师学习，它是利用一组已知类别的样本调整分类器的参数，使其达到所要求性能的过程。
>
> 　　无监督学习是指根据类别未知（没有被标记）的训练样本解决模式识别中的各种问题。

1.2 深入：AI 绘画带来的影响

AI 绘画的出现，给人类的各个领域都带来了很大的影响，随着技术的不断进步，它也将会在各领域发挥越来越重要的作用。本节将具体介绍 AI 绘画给我们带来了哪些影响。

1.2.1 提升美术生产力

AI 绘画技术的发展可以提升美术生产力。通过使用 AI 技术，美术家们可以更快地创作出精美的艺术作品。因此，美术行业的生产效率也会提升，这在一定程度上推动了美术产业的发展。

其中，图 1-6 所示为使用 GAN（生成对抗网络）技术生成高质量的图像。这种技术可以根据输入的图像生成高度类似的图像。

图 1-6　使用 GAN（生成对抗网络）技术生成高质量图像

使用 AI 绘画技术来快速地创作出新的艺术作品，并且在不同风格之间进行转换。这意味着美术家们可以更快地创作出作品，同时不必在细节方面花费太多时间。

图 1-7 所示为使用 AI 绘画技术来自动化完成一些烦琐的任务，如填充颜色和细节，从而使美术家们可以更快地完成作品。

图 1-7　使用 AI 绘画技术填充颜色和细节

总的来说，AI 绘画技术可以帮助美术家们提高生产力，减少他们在一些烦琐任务上的时间和精力投入，从而让他们有更多的时间和精力去创作出更多的艺术作品。

1.2.2　推动市场发展

随着越来越多的 AI 绘画作品流入市场，传统的绘画作品逐渐面临新的竞争，这也推动了艺术市场的发展。下面将举例说明具体表现在哪些方面。

（1）自动化创作：AI 绘画技术可以自动生成艺术作品，减少艺术家创作的时间和成本。这使得更多人可以参与艺术创作，进一步扩大了艺术市场。

（2）个性化服务：AI 技术可以分析个人的口味和偏好，并且能够生成符合这些偏好的艺术作品，满足更多人需求的同时，推动市场的发展，如图 1-8 所示。

图 1-8　AI 绘画根据个人口味和偏好生成艺术作品

（3）艺术品评估：AI 还可以用于艺术品的评估和鉴定。这使得市场更加透明和公正，消除了一些市场上可能存在的欺诈行为。

（4）创新创作：AI 绘画技术为艺术家带来了新的创作思路和方式，使得艺术作品更具创意和独特性。这也使得市场更加丰富多样，推动了市场的发展。

1.2.3　拓展创造力

AI 绘画技术在很大程度上可以拓展创造力，下面将举例说明具体表现在哪些方面，如图 1-9 所示。

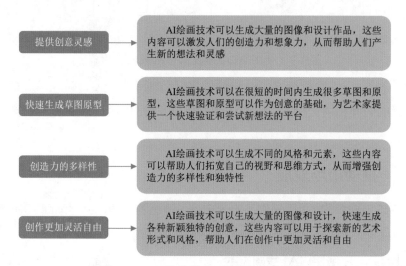

图 1-9　AI 绘画技术对创造力的拓展

总之，人工智能绘画技术可以为创造力的拓展提供很多机会和可能性，它不仅可以作为工具来帮助人们创作，还可以作为启发和灵感的源泉来激发人们的创造力。

1.2.4　提供商业价值

AI 绘画不仅可以提高美术生产力，还可以为商业带来价值。

（1）通过 AI 技术，可以快速地制作出定制的艺术品，生成客户需要的照片，以满足客户的需求，如图 1-10 所示。

（2）AI 绘画技术可以为品牌创造独特的视觉元素。例如，标志、图标和海报，如图 1-11 所示。这些元素可以帮助品牌在市场上脱颖而出，并吸引更多的客户。

图 1-10　根据客户的需求所生成图像

图 1-11　使用 AI 绘画技术制作海报

（3）AI 绘画技术可以用于游戏和影视制作中的角色设计、场景设计及特效制作，如图 1-12 所示。这些技术极大地减少了制作时间和成本，同时提高了视觉效果。

总之，AI 绘画技术提供了许多商业机会，帮助公司创造独特的品牌形象，提高生产力，降低成本，并开发新的产品和服务。

图 1-12　使用 AI 绘画技术制作场景设计

1.2.5　完善艺术教育

随着 AI 技术不断地发展与进步，AI 绘画也将会在艺术教育这一领域发挥越来越重要的作用，下面将举例说明具体表现在哪些方面，如图 1-13 所示。

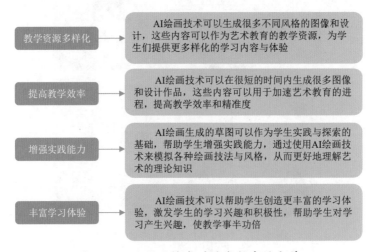

教学资源多样化	AI绘画技术可以生成很多不同风格的图像和设计，这些内容可以作为艺术教育的教学资源，为学生们提供更多样化的学习内容与体验
提高教学效率	AI绘画技术可以在很短的时间内生成很多图像和设计作品，这些内容可以用于加速艺术教育的进程，提高教学效率和精确度
增强实践能力	AI绘画生成的草图可以作为学生实践与探索的基础，帮助学生增强实践能力，通过使用AI绘画技术来模拟各种绘画技法与风格，从而更好地理解艺术的理论知识
丰富学习体验	AI绘画技术可以帮助学生创造更丰富的学习体验，激发学生的学习兴趣和积极性，帮助学生对学习产生兴趣，使教学事半功倍

图 1-13　AI 绘画技术对艺术教育的完善

1.2.6　促进文化交流

AI 绘画技术不仅推动了艺术市场的发展，同时也促进了全球文化的交流。下面将举例说明具体表现在哪些方面，如图 1-14 所示。

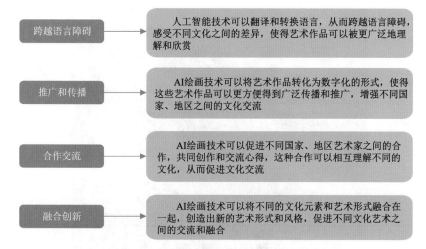

图 1-14　AI 绘画促进文化交流

AI 绘画技术促进了全球文化交流，使得艺术更加国际化和充满包容性。这也为不同国家、地区之间的文化交流和相互了解提供了新的机遇和手段。

1.3　应用：AI 绘画与实际生活的结合

AI 绘画在近年来得到越来越多的关注和研究，其应用领域也越来越广泛，包括游戏、电影、动画、设计、数字艺术等。AI 绘画不仅可以用于生成各种形式的艺术作品，包括绘画、素描、水彩画、油画、立体艺术等，还可以用于自动生成艺术品的创作过程，从而帮助艺术家更快、更准确地表达自己的创意。总之，AI 绘画是一个非常有前途的领域，将会对许多行业和领域产生重大影响。

1.3.1　应用场景 1：游戏开发

AI 绘画可以帮助游戏开发者快速生成游戏中需要的各种艺术资源，例如，人物角色、背景等图像素材。下面是 AI 绘画在游戏开发中的一些应用场景。

（1）环境和场景绘制：AI 绘画技术可以用于快速生成游戏中的背景和环境，例如，城市街景、森林、荒野、建筑等，如图 1-15 所示。这些场景可以使用 GAN 生成器或其他机器学习技术快速创建，并且可以根据需要进行修改和优化。

图 1-15　使用 AI 绘画技术绘制的游戏场景

（2）角色设计：AI 绘画技术可以用于游戏中角色的设计，如图 1-16 所示。游戏开发者可以通过 GAN 生成器或其他技术快速生成角色草图，然后使用传统绘画工具进行优化和修改。

图 1-16　使用 AI 绘画技术绘制的游戏角色

（3）纹理生成：纹理在游戏中是非常重要的一部分，AI绘画技术可以用于生成高质量的纹理，例如，石头、木材、金属等，如图1-17所示。

图1-17　使用AI绘画技术绘制的金属纹理素材

（4）视觉效果：AI绘画技术可以帮助游戏开发者更加快速地创建各种视觉效果，例如，烟雾、火焰、水波、光影等，如图1-18所示。

图1-18　使用AI绘画技术绘制的光影效果

（5）动画制作：AI 绘画技术可以用于快速创建游戏中的动画序列，如图 1-19 所示。AI 绘画技术可以将手绘的草图转化为动画序列，并根据需要进行调整。

图 1-19　使用 AI 绘画技术绘制的动画序列

AI 绘画技术在游戏开发中有着很多的应用，可以帮助游戏开发者高效生成高质量的游戏内容，从而提高游戏的质量和玩家的体验。

1.3.2　应用场景 2：电影和动画

AI 绘画技术在电影和动画制作中有着越来越广泛的应用，可以帮助电影和动画制作人员快速生成各种场景和进行角色设计，以及特效和后期制作，下面是一些具体的应用场景。

（1）前期制作：在电影和动画的前期制作中，AI 绘画技术可以用于快速生成概念图和分镜头草图，如图 1-20 所示，从而帮助创作人员更好地理解角色和场景，以及更好地规划后期的制作流程。

（2）特效制作：AI 绘画技术可以用于生成各种特效，例如，烟雾、火焰、水波等，如图 1-21 所示。这些特效可以帮助创作人员更好地表现场景和角色，从而提高电影和动画的质量。

（3）角色设计：AI 绘画技术可以用于快速生成角色设计草图，如图 1-22 所示，这些草图可以帮助创作人员更好地理解角色，从而精准地塑造角色形象和个性。

（4）环境和场景设计：AI 绘画技术可以用于快速生成环境和场景设计草图，如图 1-23 所示，这些草图可以帮助创作人员更好地规划电影和动画的场景和布局。

图 1-20　使用 AI 绘画技术绘制的电影分镜头草图

图 1-21　使用 AI 绘画技术绘制的火焰特效

图 1-22　使用 AI 绘画技术绘制的角色设计草图

图 1-23　使用 AI 绘画技术绘制的场景设计草图

（5）后期制作：在电影和动画的后期制作中，AI 绘画技术可以用于快速生成高质量的视觉效果，例如，色彩修正、光影处理、场景合成等，如图 1-24 所示，从而提高电影和动画的视觉效果和质量。

图 1-24　使用 AI 绘画技术绘制的场景合成效果

AI 绘画技术在电影和动画中的应用是非常广泛的，它可以加速创作过程、提高图像质量和创意创新度，为电影和动画行业带来巨大的变革和机遇。

1.3.3　应用场景 3：设计和广告

在设计和广告领域中，使用 AI 绘画技术可以提高设计效率和作品质量，促进广告内容的多样化发展，增强产品设计的创造力和展示效果，以及提供更加智能、高效的用户交互体验。

AI 绘画技术可以帮助设计师和广告制作人员快速生成各种平面设计和宣传资料，如广告海报、宣传图等图像素材，下面是一些典型的应用场景。

（1）设计师辅助工具：AI 绘画技术可以用于辅助设计师进行快速的概念草图、色彩搭配等设计工作，从而提高设计效率和质量。

（2）广告创意生成：AI 绘画技术可以用于生成创意的广告图像、文字，以及广告场景的搭建，从而快速地生成多样化的广告内容，如图 1-25 所示。

（3）美术创作：AI 绘画技术可以用于美术创作，帮助艺术家快速生成、修改或者完善他们的作品，提高艺术创作效率和创新能力，如图 1-26 所示。

（4）产品设计：AI 绘画技术可以用于生成虚拟的产品样品，如图 1-27 所示，从而在产品设计阶段帮助设计师更好地进行设计和展示，并得到反馈和修改意见。

图 1-25　使用 AI 绘画技术绘制的手机广告图片

图 1-26　使用 AI 绘画技术绘制的美术作品

图 1-27　使用 AI 绘画技术绘制的产品样品图

（5）智能交互：AI 绘画技术可以用于智能交互，例如，智能机器人、语音助手等，如图 1-28 所示，通过生成自然、流畅、直观的图像和文字，提供更加高效、友好的用户体验。

图 1-28　使用 AI 绘画技术绘制的智能机器人图

1.3.4　应用场景 4：数字艺术

AI 绘画成为数字艺术的一种重要形式，艺术家可以利用 AI 绘画的技术特点创作出具有独特性的数字艺术作品，如图 1-29 所示。AI 绘画的发展对于数字艺术的推广有重要作用，它推动了数字艺术的创新。

图 1-29　使用 AI 绘画技术绘制的数字艺术作品

1.4　争议：关于 AI 绘画的艺术讨论

随着人工智能技术的不断发展，AI 绘画逐渐进入了大众的视野，成为极度受关注的话题。然而，尽管 AI 绘画在技术上取得了一定的突破，但它仍然备受争议，甚至被一部分人抵制。

其中，最主要的争议在于 AI 是否真正具有创造力。一些人认为，AI 绘画只是机器对于已有图像的模仿和还原，缺乏独创性和创造性。而真正的艺术创作应该是源于人类的灵感和想象力，而非机器的算法和程序。

此外，还有人担心 AI 绘画会对艺术家的生存和创作造成威胁。如果 AI 绘画能够以更快的速度生成更多的艺术作品，那么艺术家可能会面临更大的竞争压力，甚至失去创作和生存的空间。

综上所述，AI 绘画的发展虽然带来了很多的机遇和挑战，但也需要我们认真思考和探讨，以便更好地利用和发展这一新兴技术。

1.4.1　重新定义原创艺术

在艺术领域方面，原创性通常被理解为艺术家通过个人独特的思考和创作过程，将新颖的观点、情感和形式表现出来。这种原创性往往体现在艺术家的个人特质和独特风格上。

然而，AI 绘画作品的创作过程与人类艺术家有着本质的区别。AI 只能从现有的数据库中进行学习，无法解释其生成内容的逻辑，它们更像是对现有艺术作品的一种再现和组合，而非真正意义上的原创，用 AI 绘画技术绘制的"蒙娜丽莎"画像如图 1-30 所示。

图 1-30　用 AI 绘画技术绘制的"蒙娜丽莎"画像

AI 绘画作品与传统绘画作品相比有显著的不同。因此，将 AI 绘画作品称为原创的艺术作品可能并不恰当，但这并不意味着 AI 绘画作品一文不值。事实上，AI 绘画作品为我们提供了一种全新的艺术表现方式，打破了我们对艺术、创作和作者身份的传统认知。

1.4.2　创作还是窃取

AI 绘图技术，就是让人工智能深度学习人类艺术家的作品，吸收大量的数据与知识，依赖于计算机技术和算法所产生的绘画创作方式。而在学习的过程中，如何保证 AI 所学习到的知识内容是合法的或不侵权，成为备受争议的一点。

大部分艺术家需要耗费数天甚至数月才能绘制出的艺术作品，AI 在短短几秒钟就能完成，这两者的创作效率是无法相提并论的。

有些人认为，使用 AI 绘画创作的作品是拼接了他人的成果，是窃取行为。而也有些人认为，使用 AI 绘画技术仍然需要设计并调整 AI 的参数，才能达到最终的图画效果，也可以算是创作。

尽管 AI 在创作过程中扮演了重要的角色，但设计 AI 的参数，审查作品最终的质量并进行修改等，这些都是创作的一部分，因此，使用 AI 绘画可以算是创作。

1.4.3　AI 绘画能否成为艺术

通过 AI 绘画创作出的作品更像是一种流水线的产物，只是这条流水线有着很多的分支和不同走向，让人们误以为这是其独特性的表现。

但人工智能本质上依然是工业产品，通过输入关键信息来搜索和选择使用者需要的结果，用最快的方式和最低的成本从庞大的数据库中找出匹配度相对较高的资源，创作出新的图画，如图 1-31 所示。

图 1-31　用 AI 绘画技术绘制图画

所以，AI 绘画只是降低了重复学习的成本，所创作出来的作品与真正的艺术还有着较大的差别。

1.4.4　法律与伦理问题

AI 绘画也会涉及一些法律和伦理问题，如版权问题、个人隐私等。因此，AI 绘画的发展需要在法律和伦理框架下进行。AI 绘画的法律和伦理问题主要包括以下几个方面。

（1）版权问题：由于 AI 绘画技术可以模仿不同艺术家的风格和特征，因此，一些生成的作品可能会侵犯原创作品的版权，也可能涉及使用未经授权的图片和素材等问题。

（2）道德问题：一些 AI 生成的作品可能存在较为敏感和争议的内容，例如，涉及种族、性别、政治及宗教等问题，这就需要考虑作品的道德和社会责任问题。

（3）知识产权问题：AI 绘画技术中所使用的算法和模型可能涉及知识产权的问题，例如，专利、商标和版权等，因此，需要注意保护知识产权和遵守相关法律、法规。

（4）隐私问题：AI 绘画技术需要使用大量的数据集进行训练，这可能涉及用户的隐私问题，因此，需要保护用户的隐私和数据安全。

AI 绘画领域中涉及的法律与伦理问题是该领域长期发展过程中需要认真面对和解决的难题。只有在合理、透明、公正的监管和规范下，AI 绘画才能真正发挥其创造性和艺术性，同时避免不必要的风险和纠纷。

1.4.5　AI 绘画是否会取代画师

人工智能技术的出现成为当今社会各界关注的热点话题，其中讨论度比较大的问题便是：AI 绘画是否会取代画师。虽然 AI 绘画可以通过算法来生成图像，但它并不具备人类艺术家的创意与灵感，因此，AI 绘画不会完全取代人工，而是需要二者的共同参与才能达到更好的效果。图 1-32 所示为 AI 绘画经过多次调整的建筑模型。

图 1-32　AI 绘画经过多次调整的建筑模型

　　AI 绘画为个人用户和行业带来了许多正面影响，我们应该以开放和积极的心态去理解和运用这项技术，并期待 AI 绘画给我们带来更多可能性。

1.4.6　AI 绘画与传统绘画的不同之处

　　AI 绘画通过算法根据使用者输入的关键词生成图像，虽然表面上看起来跟传统绘画创作没有什么区别，但是 AI 绘画使用的是计算机程序和算法来模拟出绘画过程，而传统的手工绘画则依赖于人的创造力和想象力。下面分别来讲解这两者有哪些特点，以及它们之间的差异，如图 1-33 所示。

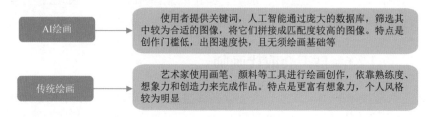

图 1-33　AI 绘画和传统绘画的特点

　　AI 绘画虽然能在短时间内出图，极大地提高效率，但是在一些复杂的绘画任务上，例如，描绘人物的表情、神态和情感等方面，AI 绘画的表现力还有所欠缺。

　　人类艺术家的个人风格是 AI 难以模拟出来的，每一个艺术家都有自己独特的艺术风格和创作思路，这些都是需要日积月累的学习和练习才能获得的，而AI 绘画通过数据库模拟和拼凑现有的数据样本，缺乏独特性和创意性。

1.4.7　AI绘画的利弊

与传统的绘画创作不同，AI绘画的过程和结果都依赖于计算机技术和算法，它可以为艺术家和设计师带来更高效、更精准及更有创意的绘画创作体验。

AI绘画虽然降低了门槛，提高了效率，但同时也存在着一些利弊。图1-34所示为AI绘画的优势。上面所说的优点确实令人满意，但是同样的，AI绘画也存在着一些弊端，图1-35所示为AI绘画的弊端。

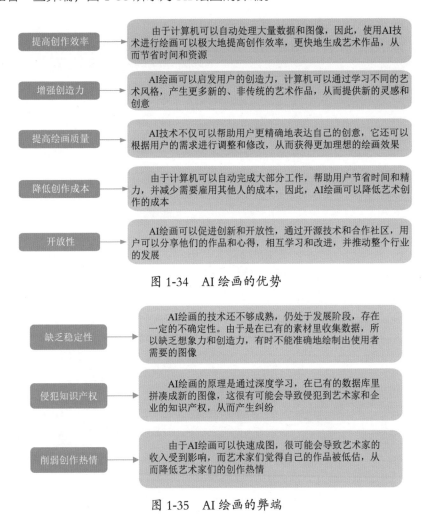

| 提高创作效率 | 由于计算机可以自动处理大量数据和图像，因此，使用AI技术进行绘画可以极大地提高创作效率，更快地生成艺术作品，从而节省时间和资源 |

| 增强创造力 | AI绘画可以启发用户的创造力，计算机可以通过学习不同的艺术风格，产生更多新的、非传统的艺术作品，从而提供新的灵感和创意 |

| 提高绘画质量 | AI技术不仅可以帮助用户更精确地表达自己的创意，它还可以根据用户的需求进行调整和修改，从而获得更加理想的绘画效果 |

| 降低创作成本 | 由于计算机可以自动完成大部分工作，帮助用户节省时间和精力，并减少需要雇用其他人的成本，因此，AI绘画可以降低艺术创作的成本 |

| 开放性 | AI绘画可以促进创新和开放性，通过开源技术和合作社区，用户可以分享他们的作品和心得，相互学习和改进，并推动整个行业的发展 |

图1-34　AI绘画的优势

| 缺乏稳定性 | AI绘画的技术还不够成熟，仍处于发展阶段，存在一定的不确定性。由于是在已有的素材里收集数据，所以缺乏想象力和创造力，有时不能准确地绘制出使用者需要的图像 |

| 侵犯知识产权 | AI绘画的原理是通过深度学习，在已有的数据库里拼凑成新的图像，这很有可能会导致侵犯到艺术家和企业的知识产权，从而产生纠纷 |

| 削弱创作热情 | 由于AI绘画可以快速成图，很可能会导致艺术家的收入受到影响，而艺术家们觉得自己的作品被低估，从而降低艺术家们的创作热情 |

图1-35　AI绘画的弊端

本章小结

本章主要向读者介绍了AI绘画的相关基础知识，帮助读者了解了AI绘画的概念、影响、应用场景和艺术讨论等。通过对本章的学习，希望读者能够更好地认识 AI 绘画。

课后习题

鉴于本章知识的重要性，为了帮助读者更好地掌握所学知识，本章将通过课后习题，帮助读者进行简单的知识回顾和补充。

1. 简述 AI 绘画的概念。
2. 除了书中介绍的 AI 绘画应用场景外，你还在哪些场景中见过 AI 绘画？

第 **2** 章

工具：生成 AI 绘画的多种利器

使用各种人工智能平台能够生成不同类型的内容，包括文字、图像和视频等。用户可以根据自己需要的内容类型及相关的主题或领域来选择合适的 AI 创作平台或工具，人工智能会尽力为用户提供满意的结果。

2.1　文案：生成 AI 绘画的脚本工具

人工智能在文案创作方面可以发挥出很大的作用，下面是一些典型的应用。

（1）自动化生成文案：人工智能可以根据用户预设的参数和模板，自动生成符合用户要求的文案，极大地提高了创作效率和精准度。例如，用户可以用人工智能生成商品描述、广告语、邮件模板等。

（2）优化文案质量：人工智能可以通过自然语言处理技术，对文案进行语法、逻辑、词汇等方面的分析和优化，使文案更加准确、流畅、吸引人。

（3）利用数据分析：人工智能可以根据用户行为数据和其他数据，对文案进行分析和预测，提供更具有针对性的创意和建议。

需要注意的是，虽然人工智能在文案创作方面可以发挥出很大的作用，但并不是所有的文案都适合使用人工智能生成。在一些需要更高的情感和创造力的文案创作任务中，人工的角色仍然是必要的。本节主要介绍一些人工智能的创作平台，帮助大家快速创作出优质的文案内容。

2.1.1　ChatGPT

ChatGPT 是一种基于人工智能技术的聊天机器人，它使用了自然语言处理和深度学习等技术，可以进行自然语言的对话，回答用户提出的各种问题，并提供相关的信息和建议，如图 2-1 所示。

图 2-1　ChatGPT 能够回答用户提出的各种问题

ChatGPT 的核心算法基于 GPT（Generative Pre-trained Transformer，

生成式预训练转换）模型，这是一种由人工智能研究公司 OpenAI 开发的深度学习模型，可以生成自然语言的文本。

ChatGPT 可以与用户进行多种形式的交互，例如，文本聊天、语音识别、语音合成等。ChatGPT 可以应用在多种场景中，例如，客服、语音助手、教育、娱乐等领域，帮助用户解决问题，提供娱乐和知识服务。

2.1.2　文心一言

文心一言平台是一个面向广大用户的文学写作工具，它提供了各种文学素材和写作指导，帮助用户更好地进行文学创作。图 2-2 所示为使用文心一言生成的作文。在文心一言平台上，用户可以利用人工智能技术生成与主题相关的文案，包括句子、段落、故事情节、人物形象描述等，帮助用户更好地理解主题和构思作品。

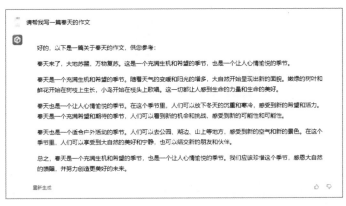

图 2-2　使用文心一言生成的作文

此外，文心一言平台还提供了一些写作辅助工具，例如，情感分析、词汇推荐、排名对比等，让用户可以更全面地了解自己的作品，并对其进行优化和改进。同时，文心一言平台还设置了创作交流社区，用户可以在这里与其他作家分享自己的作品，交流创作心得，获取反馈和建议。

总的来说，百度飞桨的文心一言平台为广大文学爱好者和写作者提供了一个非常有用的 AI 工具，可以帮助他们更好地进行文学创作。

2.1.3　百度大脑智能创作平台

百度大脑智能创作平台推出的智能写作工具是一个一站式的文章创作助手，它集合了全网热点资讯素材，并通过 AI 自动创作，一键生成爆款。同时，智能写作工具还有智能纠错、标题推荐、用词润色、文本标签、原创度识别等功能，可以帮助用户快速创作出多领域的文章。

智能写作工具提供全网 14 个行业分类、全国省市县三级地域数据服务，并通过热度趋势、关联词汇等多角度内容为用户提供思路和素材，有效提升创作效率。

打开智能写作工具后，用户只需输入对应主题的关键词，选择符合需求的热点新闻后进入预览页，即可参考热点内容协助写作。另外，智能写作工具还可以对文章中的内容进行深度分析，包括提示字词、标点相关错误等，并给出正确的建议内容。图 2-3 所示为智能写作工具的"文本纠错"功能。

图 2-3　智能写作工具的"文本纠错"功能

2.1.4　秘塔写作猫

秘塔写作猫是一个集 AI 写作、多人协作、文本校对、改写润色、自动配图等功能于一体的 AI Native（人工智能原生）内容创作平台。图 2-4 所示为使用秘塔写作猫创作的文章内容。

图 2-4　使用秘塔写作猫创作的文章内容

用户打开并登录秘塔写作猫的官网后，只需要输入想写的文章题目、内容提要等信息，然后由 AI 来生成和编辑具体的文案内容。另外，用户还可以设置将文案转化成相应的文体形式。最后，秘塔写作猫可以将已经写好的文章导出为 doc、pdf、html 等格式，便于用户分享和存档。

2.1.5 弈　　写

弈写（全称为弈写 AI 辅助写作）通过 AI 辅助选题、AI 辅助写作、AI 话题梳理、AI 辅助阅读和 AI 辅助组稿五大辅助手段，有效帮助资讯创作者提升内容生产效率，拓展其创作的深度和广度。图 2-5 为通过几个关键词生成的文章内容。

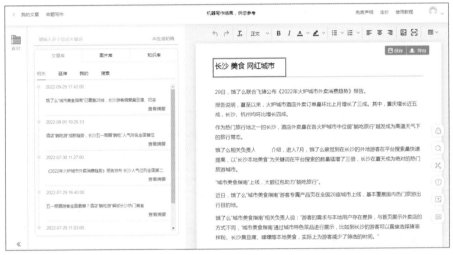

图 2-5　使用弈写生成的文章内容

2.1.6　Get 智能写作

Get 智能写作平台是一个运用人机协作的方式，帮助用户快速完成大纲创建、内容（包含 Word、图片、视频、PPT 等一系列格式）生成的 AI 创作平台，从输入到输出，辅助用户进行高效办公。

Get 智能写作平台的主要功能如下。

（1）AI 创作：AI 一键生成提纲，智能填充优质内容，准确传达信息，可生成不同的主题、想法与段落，增强用户的创新性思路，并且可以节省大量的时间精力，提高写作效率。

（2）灵感推荐：智能筛选各大媒体平台的内容并进行整合分析，通过算法推荐相关领域的优质文章与素材内容，为用户节省大量时间。

（3）AI 配图：用户只需输入几个简单的文字描述，即可通过 AI 自动生成想要的图片，并将其一键引入到文章中，不仅可以节省大量寻找素材的时间，而且这种高质量的配图能够事半功倍地创作优质文章。

（4）创作模板：Get 智能写作平台提供了海量的创作模板，涵盖娱乐、旅游、科技、干货等多领域写作方向，如图 2-6 所示，而且还可以结合主题智能生成动态写作大纲，一键完成用户的写作需求，复刻优质内容，实现效率和效果的最大化。

（5）智能纠错：通过 AI 快速识别文章中的语病和错句，标注错误原因并提出修改意见。

图 2-6　Get 智能写作平台中的创作模板

（6）智能摘要：通过 AI 自动提炼文章中的核心要点，浓缩成文章摘要说明。

（7）智能检测：通过 AI 一键查重，判断文章的原创程度，识别出风险内容。

（8）智能改写：通过 AI 对文章内容做同义调整，实现写作表达的多样化需求。

2.1.7　Effidit

Effidit（Efficient and Intelligent Editing，高效智能编辑）是腾讯 AI Lab

（人工智能实验室）开发的一款创意辅助工具，可以提高用户的写作效率和创作体验。Effidit 的功能包括智能纠错、短语补全、文本续写、句子补全、短语润色、例句推荐、论文检索、翻译等。图 2-7 所示为 Effidit 的智能纠错功能示例。

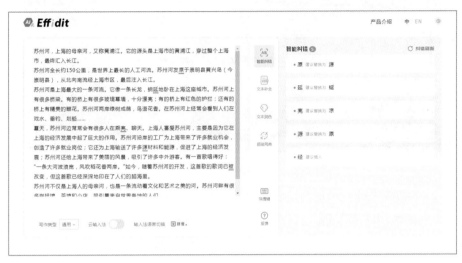

图 2-7　Effidit 的智能纠错功能示例

2.2　绘图：生成 AI 绘画的国内平台

如今，AI 绘画平台和工具的种类非常多，用户可以根据自己的需求选择合适的平台和工具进行绘画创作。本节将介绍国内比较常见的几个 AI 绘画平台。

2.2.1　文心一格

文心一格是由百度飞桨推出的一个 AI 艺术和创意辅助平台，利用百度飞桨的深度学习技术，帮助用户快速生成高质量的图像和艺术品，提高创作效率和创意水平，特别适合需要频繁进行艺术创作的人群，例如，艺术家、设计师和广告从业者等。图 2-8 所示为使用文心一格绘制的作品。

文心一格平台可以实现以下功能。

（1）自动画像：用户可以上传一张图片，然后使用文心一格平台提供的自动画像功能，将其转换为艺术风格的图片。文心一格平台支持多种艺术风格，例如，二次元、漫画、插画和像素艺术等。

图 2-8　使用文心一格绘制的作品

（2）智能生成：用户可以使用文心一格平台提供的智能生成工具，生成各种类型的图像和艺术作品。文心一格平台使用深度学习技术，能够自动学习用户的创意（即关键词）和风格，生成相应的图像和艺术作品。

（3）优化创作：文心一格平台可以根据用户的创意和需求，对已有的图像和艺术品进行优化和改进。用户只需要输入自己的想法，文心一格平台就可以自动分析和优化相应的图像和艺术作品。

2.2.2　ERNIE-ViLG

ERNIE-ViLG 是由百度文心大模型推出的一个 AI 绘画平台，采用基于知识增强算法的混合降噪专家建模，在 MS-COCO（文本生成图像公开权威评测集）和人工盲评上均超越了 Stable Diffusion、DALL-E 2 等模型，并在语义可控性、图像清晰度、中国文化理解等方面展现出了显著优势。

ERNIE-ViLG 通过视觉、语言等多源知识指引扩散模型学习，强化文图生成扩散模型对于语义的精确理解，以提升生成图像的可控性和语义的一致性。

同时，ERNIE-ViLG 引入基于时间步的混合降噪专家模型来提升模型建模能力，让模型在不同的生成阶段选择不同的降噪专家网络，从而实现更加细致的降噪任务建模，提升生成图像的质量。图 2-9 所示为 ERNIE-ViLG 生成的模型效果。

图 2-9　ERNIE-ViLG 生成的模型效果

另外，ERNIE-ViLG 使用多模态的学习方法，融合了视觉和语言信息，可以根据用户提供的描述或问题，生成符合要求的图像。同时，ERNIE-ViLG 还采用了先进的生成对抗网络技术，可以生成具有高保真度和多样性的图像，并在多个视觉任务上取得了出色的表现。

2.2.3　造梦日记

造梦日记是一个基于 AI 算法生成高质量图片的平台，用户可以输入任何"梦中的画面"描述词，比如一段文字描述（一个实物或一个场景）、一首诗、一句歌词等，该平台都可以帮用户成功"造梦"，其功能界面如图 2-10 所示。

图 2-10　造梦日记的功能界面

2.2.4　无界版图

无界版图是一个数字版权在线拍卖平台，依托区块链技术在资产确权、拍卖方面的优势，全面整合全球优质艺术资源，致力于为艺术家、创作者提供数字作品的版权登记、保护、使用与拍卖等一整套解决方案。图 2-11 所示为无界版图平台中的作品所有权拍卖示意图。

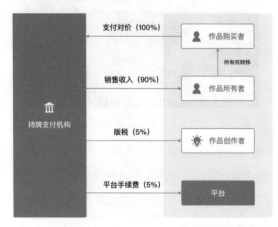

图 2-11　无界版图平台中的作品所有权拍卖示意图

同时，无界版图还有强大的"无界 AI–AI 创作"功能，用户可以选择二次元模型、通用模型或色彩模型，然后输入相应的画面描述词，并设置合适的画面大小和分辨率，即可生成画作。图 2-12 所示为无界版图的"无界 AI–AI 创作"功能。

图 2-12　无界版图的"无界 AI–AI 创作"功能

2.2.5　意间 AI 绘画

意间 AI 绘画是一个全中文的 AI 绘画小程序，支持经典风格、动漫风格、写实风格、写意风格等，如图 2-13 所示。使用意间 AI 绘画小程序不仅能够帮助用户节省创作时间，还能够帮助用户激发创作灵感，生成更多优质的 AI 画作。

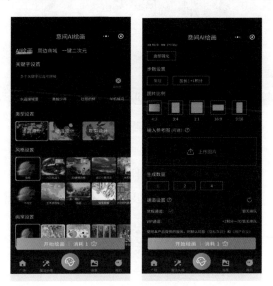

图 2-13　意间 AI 绘画小程序的 AI 绘画功能

总之，意间 AI 绘画是一个非常实用的手机绘画小程序，它会根据用户的关键词、参考图、风格偏好创作精彩作品，让用户体验到手机 AI 绘画的便捷性。

2.3　绘图：生成 AI 绘画的国外平台

除了国内几个常用的 AI 绘画平台以外，还有一些属于国外的 AI 绘画平台，接下来笔者将为大家介绍三个常用的外网 AI 绘画平台。

2.3.1　Midjourney

Midjourney 是一款基于人工智能技术的绘画工具，它能够帮助艺术家和设计师更快速、更高效地创作数字艺术作品。Midjourney 提供了各种绘画工具和指令，用户只要输入相应的关键字和指令，就能通过 AI 算法生成相对应的图片，只需要不到一分钟。图 2-14 所示为使用 Midjourney 绘制的作品。

图 2-14 使用 Midjourney 绘制的作品

Midjourney 具有智能化绘图功能，能够智能化地推荐颜色、纹理、图案等元素，帮助用户轻松创作出精美的绘画作品。同时，Midjourney 可以用来快速创建各种有趣的视觉效果和艺术作品，极大地方便了用户的日常设计工作。

2.3.2 DEEP DREAM GENERATOR

DEEP DREAM GENERATOR 是一款使用人工智能技术来生成艺术风格图像的在线工具，它使用卷积神经网络算法来生成图像，这种算法可以学习一些特定的图像特征，并利用这些特征来创建新的图像，如图 2-15 所示。

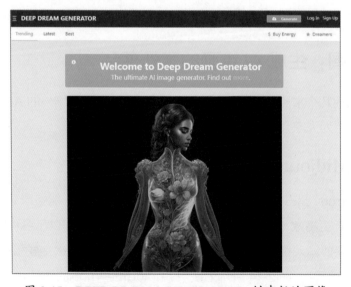

图 2-15 DEEP DREAM GENERATOR 创建新的图像

DEEP DREAM GENERATOR 的使用方法非常简单，用户只需要上传一张图像，然后选择想要的艺术风格和生成的图像大小。接下来，DEEP DREAM GENERATOR 将使用卷积神经网络来对用户的图像进行处理，并生成一张新的艺术风格图像。同时，用户还可以通过调整不同的参数来控制生成图像的细节和外观。

DEEP DREAM GENERATOR 可以生成各种类型的图像，包括抽象艺术、幻想风景、人像等。DEEP DREAM GENERATOR 生成的图像可以下载到用户的计算机上，并在社交媒体上与其他人分享。需要注意的是，该工具生成的图像可能受到版权法的限制，因此，用户应确保自己拥有上传的图像版权或获得了授权。

2.3.3 Stable Diffusion

Stable Diffusion 是一个基于人工智能技术的绘画工具，支持一系列自定义功能，可以根据用户的需求调整颜色、笔触、图层等参数，从而帮助艺术家和设计师创建独特、高质量的艺术作品。与传统的绘画工具不同，Stable Diffusion 可以自动控制颜色、线条和纹理的分布，从而创作出非常细腻、逼真的画作，如图 2-16 所示。

图 2-16 Stable Diffusion 生成的画作

本章小结

本章主要向读者介绍了生成 AI 绘画的脚本工具及生成 AI 的绘图平台，帮助读者了解了 AI 绘画的多种制作工具，为读者在进行实操时提供多种选择。通过对本章的学习，希望读者能够更好地认识生成 AI 绘画的相关工具。

课后习题

鉴于本章知识的重要性，为了帮助读者更好地掌握所学知识，本章将通过课后习题，帮助读者进行简单的知识回顾和补充。

1. 尝试用文心一言生成一篇 AI 文案。
2. 尝试用文心一格生成四张风光摄影风格的 AI 图片。

【脚本文案篇】

第 **3** 章

入门：掌握 ChatGPT 的 使用技巧

ChatGPT 是一种基于人工智能技术的自然语言处理系统，它可以模仿人类的语言行为，实现人机之间的自然语言交互。ChatGPT 可以用于智能客服、虚拟助手、自动问答系统等场景，提供自然、高效的人机交互体验。本章主要介绍 ChatGPT 的入门操作、使用方法及文案生成流程。

3.1　ChatGPT 的入门操作

ChatGPT 为人类提供了一种全新的交流方式，能够通过自然的语言交互来实现更加高效、便捷的人机交互。未来，随着技术的不断进步和应用场景的不断扩展，ChatGPT 的发展也将会更加迅速，带来更多行业创新和应用价值。

本节主要介绍 ChatGPT 的入门操作，如 ChatGPT 的发展史、主要功能及使用方法等，帮助用户更灵活的应用 ChatGPT 进行人机互动。

3.1.1　了解 ChatGPT 的发展历程

ChatGPT 的发展历程可以追溯到 2018 年，当时 OpenAI 公司发布了第一个基于 GPT-1 架构的语言模型。在接下来的几年中，OpenAI 不断改进和升级这个系统，推出了 GPT-2、GPT-3、GPT-3.5、GPT-4 等版本，使得它的处理能力和语言生成质量都得到了大幅度的提升。

ChatGPT 的发展离不开深度学习和自然语言处理技术的不断进步，这些技术的发展使得机器可以更好地理解人类语言，并且能够进行更加精准和智能的回复。ChatGPT 采用深度学习技术，通过学习和处理大量的语言数据集，从而具备了自然语言理解和生成的能力。

自然语言处理（Natural Language Processing，NLP）是计算机科学与人工智能交叉的一个领域，它致力于研究计算机如何理解、处理和生成自然语言，是人工智能领域的一个重要分支。自然语言处理的发展史可以分为以下几个阶段，如图 3-1 所示。

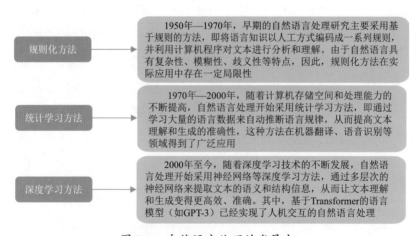

图 3-1　自然语言处理的发展史

专家提醒：Transformer 是一种用于自然语言处理的神经网络模型，它使用了自注意力机制（Self-Attention Mechanism）来对输入的序列进行编码和解码，从而理解和生成自然语言文本。大规模的数据集和强大的计算能力，也是推动 ChatGPT 发展的重要因素。在不断积累和学习人类语言数据的基础上，ChatGPT 的语言生成和对话能力越来越强大，能够实现更加自然流畅和有意义的交互。

总的来说，自然语言处理的发展经历了规则化方法、统计学习方法和深度学习方法三个阶段，每个阶段都有其特点和局限性，未来随着技术的不断进步和应用场景的不断拓展，自然语言处理也将会迎来更加广阔的发展前景。

3.1.2 熟悉产品模式和主要功能

ChatGPT 是一种语言模型，它的产品模式主要是提供自然语言生成和理解的服务。ChatGPT 的产品模式包括以下两个方面，如图 3-2 所示。

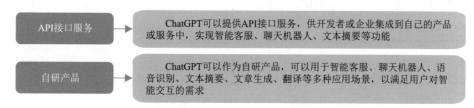

图 3-2　ChatGPT 的产品模式

无论是提供 API 接口服务还是自研产品，ChatGPT 都需要在数据预处理、模型训练、服务部署、性能优化等方面进行不断优化，以提供更高效、更准确、更智能的服务，从而赢得用户的信任和认可。

专家提醒：API（Application Programming Interface，应用程序编程接口）接口服务是一种提供给其他应用程序访问和使用的软件接口。在人工智能领域中，开发者或企业可以通过 API 接口服务将自然语言处理或计算机视觉等技术集成到自己的产品或服务中，以提供更智能的功能和服务。

ChatGPT 的主要功能是自然语言处理和生成，包括文本的自动摘要、文本分类、对话生成、文本翻译、语音识别、语音合成等方面。ChatGPT 可以接受输入的文本、语音等形式，然后对其进行语言理解、分析和处理，最终生成相应的输出结果。

例如，用户可以在 ChatGPT 中输入需要翻译的文本，如"我要绘制一幅风景图，有山水、有小桥、有木屋，春意盎然。能帮我把这句话翻译成英文吗？直接回复英文内容即可。"，ChatGPT 将自动检测用户输入的源语言，并翻译成用户所选择的目标语言，如图 3-3 所示。

图 3-3　ChatGPT 的文本翻译功能

ChatGPT 主要基于深度学习和自然语言处理等技术来实现这些功能，它采用了类似于神经网络的模型进行训练和推理，模拟人类的语言处理和生成能力，可以处理大规模的自然语言数据，生成质量高、连贯性强的语言模型，具有广泛的应用前景。

扫码看视频

3.1.3　掌握 ChatGPT 的使用方法

了解 ChatGPT 之后，接下来介绍 ChatGPT 的使用方法，具体操作步骤如下。

▶▷ 步骤 1　打开 ChatGPT 的聊天窗口，单击底部的输入框，如图 3-4 所示。

▶▷ 步骤 2　输入相应的关键词，如"绘制一幅建筑图，需要哪些关键元素？请用表格列出来"，如图 3-5 所示。

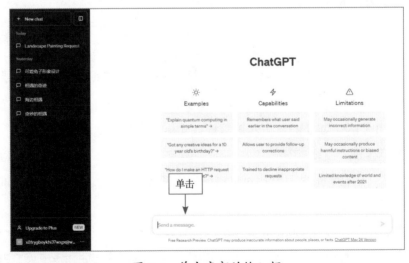

图 3-4　单击底部的输入框

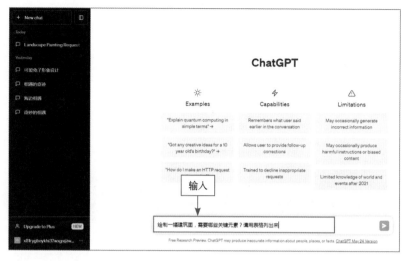

图 3-5　输入相应的关键词

▶▶ 步骤3　单击输入框右侧的发送按钮▷或按【Enter】键，ChatGPT 即可根据要求生成相应的表格，如图 3-6 所示。

图 3-6　ChatGPT 生成相应的表格

扫码看视频

3.1.4　添加指令让文案更有温度

通常情况下，ChatGPT 生成的文案虽然非常严谨，但略显死板、单调，其实用户只需要使用一个指令就能让它变得"天马行空"。想让 ChatGPT 的回答更灵活，用户可以在关键词的结尾加上这条指令：Please generate the answer at x 或 use a temperature of x（请用 x 的温度生成答案），下面通过实操对比一下。

步骤 1 首先在 ChatGPT 中输入“请写一段关于童年的故事”，没有添加温度指令，生成的答案如图 3-7 所示。

请写一段关于童年的故事

从前有一个小男孩叫小明，他在一个宁静的小村庄中度过了他快乐而充实的童年时光。

小明是一个聪明而好奇心旺盛的孩子。他有一双明亮的大眼睛，总是充满着好奇和探索的光芒。在他的家乡，有一片广阔的森林，那里充满了奇幻和冒险的可能性。每当小明放学回家，他总是迫不及待地奔向森林，与自然亲密接触。

森林中有许多神秘的生物和隐藏的宝藏。小明与树木为伍，与鸟儿共舞，与小动物们成为朋友。他会跳过清澈的小溪，追逐蝴蝶的舞姿，同时留心大自然的声音和香气。小明从不感到孤独，他与自然和谐共处，享受着无拘无束的快乐。

在夏天的午后，小明经常与村里的小伙伴们一起组织各种游戏和冒险。他们会在村子的田野上追逐放飞的风筝，或者在河边捉迷藏。每当夜幕降临，小明和小伙伴们会聚集在篝火旁，分享着童年的故事和想象中的冒险，直到月亮高挂天空。

小明的童年充满了快乐和无限的想象力。他在森林中学到了勇气和坚韧，与小伙伴们的游戏中培养了团队合作和友谊。他的童年经历让他成为了一个善良、有爱心和有冒险精神的年轻人。

如今，小明已经长大成人，走出了那个小村庄，追寻着更大的世界。然而，他永远不会忘记那段美好的童年时光，那些无忧无虑的日子将永远在他心中闪耀，激励着他追逐梦想，迎接人生的各种挑战。

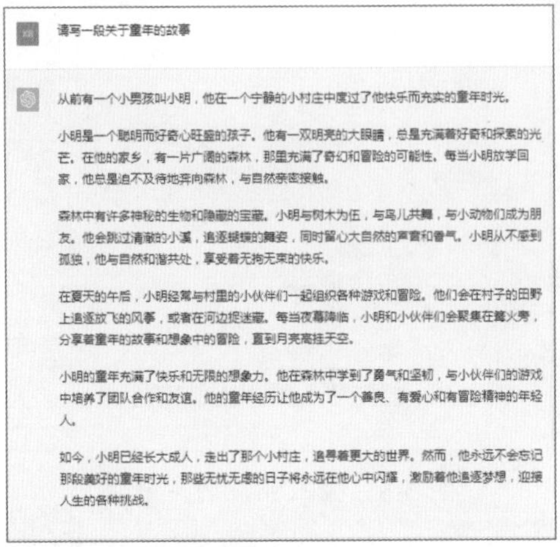

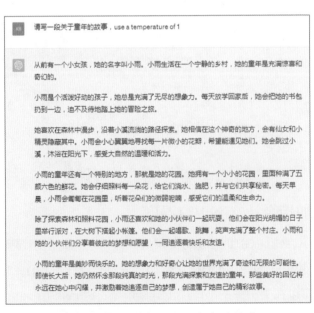

图 3-7　没有添加温度指令生成的答案

步骤 2 接下来加上温度指令，在 ChatGPT 中输入“请写一段关于童年的故事，use a temperature of 1”，生成的答案如图 3-8 所示。可以看到，两个回答的对比非常明显，没有温度指令生成的回答比较机械化，而添加温度指令后生成的回答则犹如小说情节一样，更有吸引力。

请写一段关于童年的故事，use a temperature of 1

从前有一个小女孩，她的名字叫小雨。小雨生活在一个宁静的乡村，她的童年是充满惊喜和奇幻的。

小雨是个活泼好动的孩子，她总是充满了无尽的想象力。每天放学回家后，她会把她的书包扔到一边，迫不及待地踏上她的冒险之旅。

她喜欢在森林中漫步，沿着小溪流淌的路径探索。她相信在这个神奇的地方，会有仙女和小精灵隐藏其中。小雨会小心翼翼地寻找每一片微小的花瓣，希望能遇见她们。她会跳过小溪，沐浴在阳光下，感受大自然的温暖和活力。

小雨的童年还有一个特别的地方，那就是她的花园。她拥有一个小小的花园，里面种满了五颜六色的鲜花。她会仔细照料每一朵花，给它们浇水、施肥，并与它们共享秘密。每天早晨，小雨会蹲在花园里，听着花朵们的微弱呢喃，感受它们的温柔和生命力。

除了探索森林和照料花园，小雨还喜欢和她的小伙伴们一起玩耍。他们会在阳光明媚的日子里举行派对，在大树下搭起小帐篷。他们会一起唱歌、跳舞，笑声充满了整个村庄。小雨和她的小伙伴们分享着彼此的梦想和愿望，一同追逐着快乐和友谊。

小雨的童年是美妙而快乐的。她的想象力和好奇心让她的世界充满了奇迹和无限的可能性。即使长大后，她仍然怀念那段纯真的时光，那段充满探索和友谊的童年。那些美好的回忆将永远在她心中闪耀，并激励着她追逐自己的梦想，创造属于她自己的精彩故事。

图 3-8　添加温度指令后生成的答案

> 专家提醒：x 为一个数值，一般设置在 0.1 ~ 1。低温度可以让 ChatGPT 的回答变得稳重且有保障，高温度则可以让 ChatGPT 充满创意与想象力。

3.2 ChatGPT 的使用与优化

需要注意的是，ChatGPT 是基于自然语言处理技术的，因此，它可能无法在所有情况下提供完全准确的答案。但是，随着时间的推移，ChatGPT 会不断学习和改进，变得更加智能和准确。本节将介绍 ChatGPT 的一些使用方法和优化技巧，通过对这些基本使用方法的掌握，可以帮助用户更好地运用 ChatGPT 的强大功能。

扫码看视频

3.2.1 让 ChatGPT 模仿写作风格

ChatGPT 可以模仿各种平台或作者的写作风格，用户在输入关键词时，只需要告诉 ChatGPT 要模仿的平台或作者的具体风格和特征，ChatGPT 会尽可能地模仿他们的风格来写作。

下面以知乎为例，告诉大家知乎爆款博主的文案生成方法。

扫码看视频

▷▷ 步骤 1 在 ChatGPT 中输入"你知道知乎吗"，ChatGPT 给出的回答如图 3-9 所示，这一步的目的是让 ChatGPT 更好地定位文案的受众和风格。

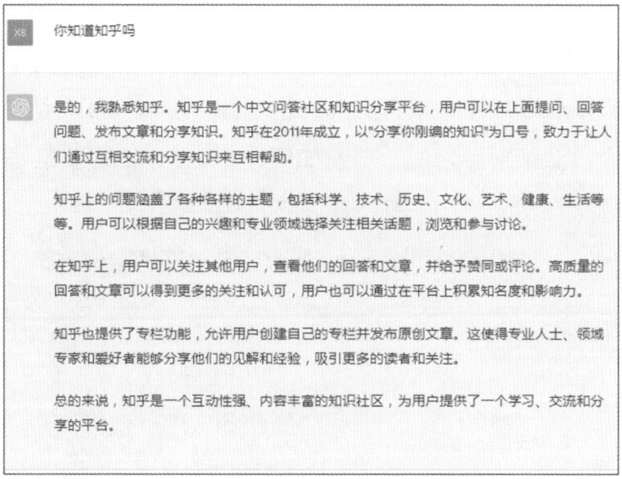
你知道知乎吗

是的，我熟悉知乎。知乎是一个中文问答社区和知识分享平台，用户可以在上面提问、回答问题、发布文章和分享知识。知乎在2011年成立，以"分享你刚编的知识"为口号，致力于让人们通过互相交流和分享知识来互相帮助。

知乎上的问题涵盖了各种各样的主题，包括科学、技术、历史、文化、艺术、健康、生活等等。用户可以根据自己的兴趣和专业领域选择关注相关话题，浏览和参与讨论。

在知乎上，用户可以关注其他用户，查看他们的回答和文章，并给予赞同或评论。高质量的回答和文章可以得到更多的关注和认可，用户也可以通过在平台上积累知名度和影响力。

知乎也提供了专栏功能，允许用户创建自己的专栏并发布原创文章。这使得专业人士、领域专家和爱好者能够分享他们的见解和经验，吸引更多的读者和关注。

总的来说，知乎是一个互动性强、内容丰富的知识社区，为用户提供了一个学习、交流和分享的平台。

图 3-9 "你知道知乎吗"的回答

▷▷ 步骤 2 在 ChatGPT 中输入"用知乎的内容风格撰写一篇 200 字的文

章”，ChatGPT即可根据知乎的内容风格来生成文章，如图3-10所示。

用知乎的内容风格撰写一篇200字的文章

标题：探索自然奥秘：迈向星际的人类勇气

在茫茫宇宙中，星际探索一直是人类心中的一个梦想。人类对于外太空的好奇心和渴望不断推动着科技的进步，让我们更接近星际之旅的可能性。

星际探索不仅需要先进的科技，更需要人类的勇气和决心。知乎上，有许多用户积极讨论着关于太空探索的问题，分享着自己的见解和研究成果。他们探讨着如何突破地球引力束缚，如何应对宇宙射线的威胁，如何克服长时间太空飞行对身体的影响等等。

在这个知识的海洋中，我们了解到了人类在追求星际探索的道路上取得的巨大成就。从阿波罗登月计划到国际空间站的建设，人类不断攀登科技高峰，勇敢地追逐着宇宙的奥秘。

然而，星际探索的道路上依然充满未知和挑战。我们需要解决生命维持系统、飞行速度、食物供应等问题，以确保宇航员在长时间的太空旅行中安全无忧。这些问题的答案或许就隐藏在知乎上那些热心回答者的知识分享中。

星际探索的意义不仅仅在于科技的进步，更在于人类的进步。通过星际探索，我们可以拓展人类的思维边界，促进跨国际、跨文化的合作，推动科学技术的发展和人类社会的进步。

在知乎上，我们感受到了人类对于星际探索的热情和坚定的信念。每一个参与讨论的用户都在为星际探索的伟大事业做出着自己的贡献。

图3-10　根据知乎的内容风格生成的文章

需要注意的是，ChatGPT提供的文案只是基于语言模型训练生成的，用户需要根据具体情况进行进一步的修改和优化，以符合特定的要求和标准。

同时，使用ChatGPT进行文案写作时，用户也需要根据自己的经验和判断，进行适当的调整和改进，使文案有更高的创意性、准确性和可读性。

下面再以今日头条平台为例，看看如何让ChatGPT写头条号文章。

▶▷ 步骤1　在ChatGPT中输入“你知道头条号吗”，ChatGPT给出的回答如图3-11所示。这一步的目的同样是让ChatGPT更好地定位文案的受众和风格。

你知道头条号吗

是的，我熟悉今日头条的头条号。今日头条是一家中国的在线新闻平台，用户可以通过注册头条号来发布自己的原创内容。

头条号允许作者在平台上分享各种类型的内容，包括文字、图片、视频等。作者可以根据自己的兴趣和专业领域选择内容的主题，并通过发布文章、新闻、故事、专栏等形式来展示自己的观点和知识。

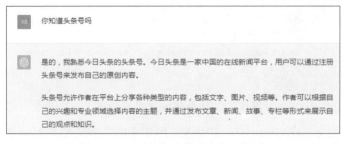

图3-11　“你知道头条号吗”的回答

▶▷ 步骤2　在 ChatGPT 中输入"头条号的文章内容有哪些特点"，ChatGPT 给出的回答如图 3-12 所示，可以看到 ChatGPT 列出了头条号的文章内容要点。

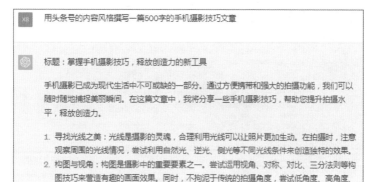

图 3-12　"头条号的文章内容有哪些特点"的回答

▶▷ 步骤3　在 ChatGPT 中输入"用头条号的内容风格撰写一篇 500 字的手机摄影技巧文章"，ChatGPT 即可根据头条号的内容风格来生成相应的文章，如图 3-13 所示。

图 3-13　根据头条号的内容风格生成的手机摄影技巧文章

3. 视觉重点与前景：在构图时，要注意营造视觉重点和深度感。通过设置前景元素，可以给照片增加层次感和立体感。尝试在前景加入树枝、花朵、建筑物等元素，让画面更加丰富。

4. 焦距与景深：手机摄影通常具备不同的焦距和景深模式，利用这些功能可以创造出独特的效果。尝试使用浅景深模式来突出主体，或使用长焦距模式来捕捉远处细节。

5. 利用辅助功能与APP：手机摄影的优势之一是可以使用各种辅助功能和摄影APP。例如，定时拍摄功能可以帮助您拍摄稳定的自拍照片；HDR模式可以在光线复杂的情况下保留更多细节。此外，有许多摄影APP可以提供更多的滤镜和后期处理选项，让您的照片更具创意。

6. 注意稳定与清晰：拍摄手机照片时，保持稳定是关键。使用双手稳定手机，或者考虑使用三脚架或稳定器。此外，确保镜头清洁，避免指纹和污垢对图像质量的影响。

图 3-13　根据头条号的内容风格生成的手机摄影技巧文章（续）

扫码看视频

3.2.2　有效的 ChatGPT 提问结构

同样都是使用 ChatGPT 生成的答案，无效提问和有效提问获得的答案质量可以说是有天壤之别。下面介绍一个在 ChatGPT 中获得高质量答案的提问结构。

▶▶ 步骤1　首先来看一个无效的提问案例，在 ChatGPT 中输入"我要去北京旅游，帮我推荐一些景点"，ChatGPT 的回答如图 3-14 所示。可以看到，ChatGPT 推荐的结果其实跟百度搜索的结果没有太大的区别。

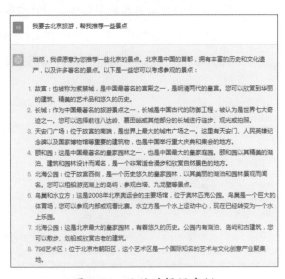

图 3-14　无效的提问案例

▶▶ 步骤2　接下来分析有效的提问方法，在 ChatGPT 中输入"我要在 2023 年 9 月 9 日去北京旅游，为期 1 天，住在鸟巢附近；请你作为一名资深导游，帮我制订一份旅游计划，包括详细的时间、路线和用餐安排；我希望时间宽松，不用太过奔波；另外，请写出乘车方式"，ChatGPT 的回答如图 3-15 所示。

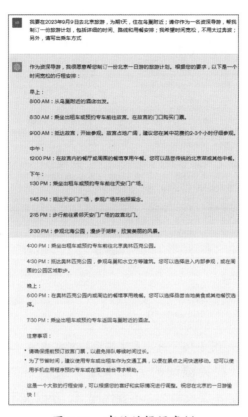

图 3-15　有效的提问案例

上面这个提问案例就是采用了"交代背景＋赋予身份＋给出需求＋意见补充"的提问结构，基本上能够帮助我们解决生活上面临的大部分问题。

（1）交代背景："我要在 2023 年 9 月 9 日去北京旅游，为期 1 天，住在鸟巢附近。"

（2）赋予身份："请你作为一名资深导游，帮我制订一份旅游计划，包括详细的时间、路线和用餐安排。"

（3）给出需求："我希望时间宽松，不用太过奔波。"

（4）意见补充："另外，请写出乘车方式。"

3.2.3　让 ChatGPT 自动添加图片

通常情况下，用户在使用 ChatGPT 撰写文章时，它是只能生成文字内容的，用户需要在后续润色的时候再通过其他编辑软件去添加图片。

例如，在 ChatGPT 中输入"描述下西湖，并给我一张西湖的图片"，生成

扫码看视频

的文章内容如图 3-16 所示。可以看到，虽然 ChatGPT 尝试去调用网络中符合要求的图片，但图片无法显示出来。

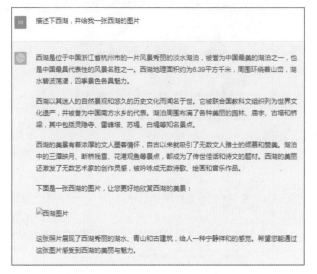

图 3-16　图片无法显示的文章内容

其实，用户可以在关键词的后面添加一条指令"发送图片时候请用 markdown 语言生成，不要反斜线，不要代码框，不要文字介绍，图片链接"，即可让 ChatGPT 自动进行配图。

markdown 是一种轻量级的标记语言，它允许用户使用易读易写的纯文本格式编写文档，并通过一些简单的标记语法来实现文本的格式化。markdown 语言的语法简洁明了，学习成本低，因此被广泛应用于写作、博客、笔记、文档等领域。

接下来加入这个指令再生成一次，将上面的关键词修改为"描述下西湖，并给我一张西湖的图片，发送图片时候请用 markdown 语言生成，不要反斜线，不要代码框，不要文字介绍，×××（此处为图片链接）"，ChatGPT 即可利用 markdown 语言生成图片链接，获得图文并茂的文章内容，如图 3-17 所示。

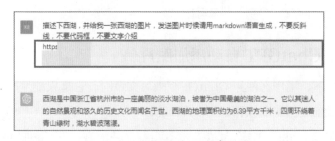

图 3-17　图文并茂的文章内容

西湖的美景包括湖水、岛屿、桥梁、 　 和园林等。著名的景点有苏堤、白堤、杨公堤、断桥、三潭印月等。苏堤是西湖上最著名的堤岸之一，它以"东南西北五十里，白堤南北二十四"而闻名于世。白堤是另一个著名的堤岸，沿岸有柳荫垂波、花香鸟语，是游览西湖的热门景点之一。杨公堤则以杨柳垂岸、湖光山色而著称。

灵西湖是西湖的一部分，位于西湖的西南部，被誉为西湖的心脏，它是一个小而精致的湖泊，周围环绕着茂密的树林，景色幽静宜人。灵西湖的岸边有各种、 　 和园林，给人一种宁静祥和的感觉。

下面是一张灵西湖的图片，让您更好地欣赏其美景：

图 3-17　图文并茂的文章内容（续）

3.2.4　使用 ChatGPT 指定关键词

在通过 ChatGPT 创作文案时，可以使用特定的关键词，让生成的内容更加符合用户的需求。

例如，利用 ChatGPT 来生成一篇小说，用户只要指定与小说主题相关的关键词，即可帮助 ChatGPT 更好地理解你的需求。在 ChatGPT 中输入"试用第一人称方式，假设你是 1888 年 ××× 杰克事件中的一名警官，撰写一篇冒险小说，描述当晚的事件"，ChatGPT 即可根据该事件生成一篇惊心动魄的探险小说，如图 3-18 所示。

当用户给了 ChatGPT 一个身份后，接下来就需要给出进一步的指令，这就需要用到关联词。例如，给 ChatGPT 身份为"你现在是一名编剧"，同时给出关联词"你将为电影或能够吸引观众的网络连续剧创作引人入胜且富有创意的剧本。从想出有趣的角色、故事的背景、角色之间的对话等开始。一旦你的角色发展完成——创造一个充满曲折的感人肺腑的故事情节。我的第一个要求是'写一部以西班牙为背景的爱情电影剧本'"。

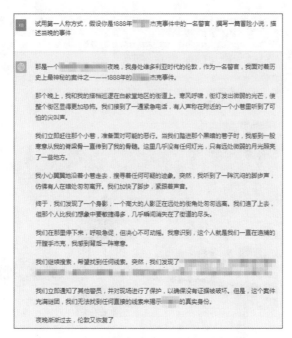

图 3-18　使用 ChatGPT 生成的探险小说

将上述关键词输入 ChatGPT 中，中间还用到了一个"继续写"的关键词，ChatGPT 即可根据这些关键词生成一篇完整的电影剧本，如图 3-19 所示。

图 3-19　使用 ChatGPT 生成的电影剧本

图 3-19　使用 ChatGPT 生成的电影剧本（续）

3.3　ChatGPT 生成文案的流程

ChatGPT 可以生成大量的文案，包括广告语、产品描述、营销文案、邮件、公众号推文及社交媒体帖子等。用户只需要提供自己的想法和需求，ChatGPT 就可以自动生成通顺流畅的文案。本节将具体讲述 ChatGPT 生成文案的流程。

3.3.1　数据准备

OpenAI 收集了大量的文本数据作为 ChatGPT 的训练数据。这些数据包括互联网上的文章、书籍、新闻及维基百科等。数据准备的流程分为以下几个步骤。

（1）数据收集：OpenAI 团队从互联网上收集 ChatGPT 的训练数据。这些数据来源包括网页、维基百科、书籍及新闻文章等，收集的数据覆盖了各种主题和领域，以确保模型在广泛的话题上都有良好的表现。

（2）数据清理：在收集的数据中，可能存在一些噪声、错误和不规范的文本。因此，在训练之前需要对数据进行清理，包括去除 HTML 标签、纠正拼写错误和修复语法问题等。

（3）分割和组织：为了有效训练模型，文本数据需要被分割成句子或段落来作为适当的训练样本。同时，要确保训练数据的组织方式，使得模型可以在上下文中学习和理解。

数据准备是一个关键的步骤，它决定了模型的训练质量和性能。OpenAI 致力于收集和处理高质量的数据，以提供流畅、准确的 ChatGPT 模型。

3.3.2　预设模型

ChatGPT 使用了一种称为 Transformer（变压器）的深度学习模型架构。Transformer 模型以自注意力机制为核心，能够处理文本时更好地捕捉上下文关系。

相比于传统的循环神经网络，Transformer 能够并行计算，处理长序列时具有更好的效率。Transformer 模型由以下几个主要部分组成。

（1）编码器（Encoder）：编码器负责将输入好的序列进行编码。它由多个相同的层堆叠而成，每一层都包含多头自注意力机制和前馈神经网络。多头自注意力机制用于捕捉输入序列中不同位置的依赖关系，前馈神经网络可以对每个位置进行非线性转换。

（2）解码器（Decoder）：解码器负责根据编码器的输出生成相应的文本序列。与编码器类似，解码器也由多个相同的层堆叠而成。除了编码器的子层外，解码器还包含一个被称为编码器 - 解码器注意力机制的子层。这个注意力机制用于在生成过程中关注编码器的输出。

（3）位置编码（Positional Encoding）：由于 Transformer 没有显式的顺序信息，位置编码用于为输入序列的每个位置提供一种位置信息，以便模型能够理解序列中的顺序关系。

Transformer 模型通过训练大量数据来学习输入序列和输出序列之间的映射关系，使得在给定输入时能够生成相应的输出文本。这种模型架构在 ChatGPT 中被用于生成自然流畅的文本回复。

3.3.3 模型训练

ChatGPT 通过对大规模文本数据的反复训练，学习如何根据给定的输入生成相应的文本输出，模型逐渐学会理解语言的模式、语义和逻辑。ChatGPT 的模型训练主要分为三点，如图 3-20 所示。

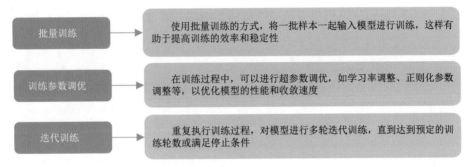

批量训练	使用批量训练的方式，将一批样本一起输入模型进行训练，这样有助于提高训练的效率和稳定性
训练参数调优	在训练过程中，可以进行超参数调优，如学习率调整、正则化参数调整等，以优化模型的性能和收敛速度
迭代训练	重复执行训练过程，对模型进行多轮迭代训练，直到达到预定的训练轮数或满足停止条件

图 3-20　ChatGPT 模型训练

模型训练的结果取决于数据质量，通过反复的训练，模型逐渐学会理解语言的模式、语义和逻辑，并生成流畅合理的文本回复。

3.3.4 文本生成

ChatGPT 使用训练得到的模型参数和生成算法，生成一段与输入相关的文本，它将考虑语法、语义和上下文逻辑，以生成连贯和相关的回复。

生成的文本会经过评估，以确保其流畅性和合理性。OpenAI 致力于提高生成文本的质量，通过设计训练目标和优化算法来尽量使其更符合人类的表达方式。

生成文本的质量和连贯性取决于模型的训练质量、输入的准确性及上下文理解的能力。在应用 ChatGPT 生成的文本时，建议进行人工审查和进一步的验证。

本章小结

本章主要向读者介绍了 ChatGPT 的入门操作，帮助读者了解了 ChatGPT 的发展历程、ChatGPT 的产品模式、主要功能、ChatGPT 的使用技巧及优化方法。通过对本章的学习，希望读者能够更加熟练掌握 ChatGPT。

课后习题

鉴于本章知识的重要性，为了帮助读者更好地掌握所学知识，本章将通过课后习题，帮助读者进行简单的知识回顾和补充。

1. 使用 ChatGPT 做一个推理探险类的电影剧本。

2. 使用 ChatGPT 模仿爱伦坡的风格，撰写一篇 300 字的短篇小说。

第 **4** 章

优化：AI 绘画的
关键词组合

　　学习利用 ChatGPT 生成更精准的关键词能够帮
助 AI 机器人在 Midjourney 等绘画平台中生成更符合
我们所需要的绘画作品，本章主要讲解 ChatGPT 关
键词的提问技巧、ChatGPT 生成 AI 绘画关键词的技
巧及文本内容的优化技巧。

4.1 文本：ChatGPT 的提问技巧

ChatGPT 是一种基于人工智能技术的聊天机器人，它使用了自然语言处理和深度学习等技术，可以进行自然语言的对话，回答用户提出的各种问题。本节主要介绍 ChatGPT 关键词的提问技巧，以帮助大家获取更加精准的答案。

4.1.1 指定具体的数字

在使用 ChatGPT 进行提问前，要注意关键词的运用技巧，提问时要在问题中指定具体的数字，描述要精准，这样可以得到更令人满意的答案。

例如，关键词为"写 5 段关于日照金山的画面描述"，"5 段"就是具体的数字，"日照金山"就是精准的内容描述，ChatGPT 的回答如图 4-1 所示。

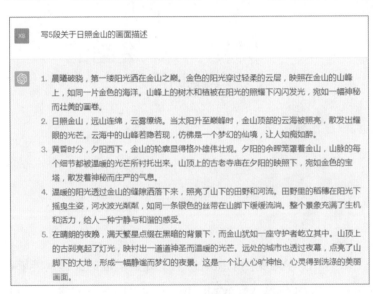

图 4-1　ChatGPT 的回答

通过上述 ChatGPT 的回答，我们可以看出 ChatGPT 的回复结果还是比较符合要求的，它不仅提供了 5 段内容，而且每段内容都不同，让用户有更多选择。这就是在关键词中指定具体数字的好处，数字越具体，ChatGPT 的回答就越精准。

4.1.2 掌握正确的提问方法

在向 ChatGPT 提问时，用户需要掌握正确的提问方法，如图 4-2 所示，这样可以更快、更准确地获取你需要的信息。

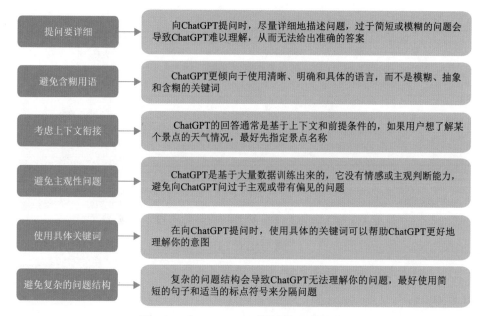

提问要详细	向ChatGPT提问时，尽量详细地描述问题，过于简短或模糊的问题会导致ChatGPT难以理解，从而无法给出准确的答案
避免含糊用语	ChatGPT更倾向于使用清晰、明确和具体的语言，而不是模糊、抽象和含糊的关键词
考虑上下文衔接	ChatGPT的回答通常是基于上下文和前提条件的，如果用户想了解某个景点的天气情况，最好先指定景点名称
避免主观性问题	ChatGPT是基于大量数据训练出来的，它没有情感或主观判断能力，避免向ChatGPT问过于主观或带有偏见的问题
使用具体关键词	在向ChatGPT提问时，使用具体的关键词可以帮助ChatGPT更好地理解你的意图
避免复杂的问题结构	复杂的问题结构会导致ChatGPT无法理解你的问题，最好使用简短的句子和适当的标点符号来分隔问题

图 4-2　向 ChatGPT 提问的正确方法

4.1.3　提升内容逻辑性

ChatGPT 具有高度的语言理解能力和内容输出能力，如果你希望它输出的内容更具有逻辑性，可以在提问时加上这个关键词"Let's think step by step（让我们一步一步来思考）"，瞬间让 ChatGPT 的逻辑能力提升五倍。

例如，在 ChatGPT 中输入"请写出长白山的风景特点"，ChatGPT 即可根据该问题简单罗列相关的内容，而且话没说完，内容也不完整，如图 4-3 所示。

请写出长白山的风景特点

长白山是中国的一座著名山脉，以其独特的自然景观而闻名于世。下面是长白山的风景特点的描述：

图 4-3　ChatGPT 简单罗列相关的特点内容

优化：AI 绘画的关键词组合

1. 雄伟壮观的山脉：长白山是一座起伏峻峭的山脉，山峰高耸入云，峰峦重叠，给人一种庄严而雄伟的感觉。这里有一些最高峰，如白头峰、长白主峰，它们被积雪覆盖，峰顶常年白雪皑皑，构成了壮丽的雪山景观。
2. 奇特的火山地貌：长白山地处火山带，拥有众多的火山地貌特征。其中最著名的是天池，它是一个由火山口形成的高山湖泊，湖水碧绿清澈，被周围群山环抱，美不胜收。此外，还有火山口群、熔岩洞、硫磺山等特殊的火山景观，为长白山增添了独特的魅力。
3. 多样的植被与生物资源：长白山地形复杂多样，气候条件适宜，使得这里拥有丰富的植被和生物资源。在山脚下的阔叶林中，可以见到各种常绿植物和落叶植物，如榛子树、枫树、松树等。而高海拔地区则被针叶林所覆盖，如红松、云杉等。此外，长白山还是许多珍稀动物的栖息地，如东北虎、穿山甲、白头鹤等，保护着丰富的生物多样性。
4. 清澈的湖泊和溪流：长白山有许多湖泊和溪流，水质清澈纯净，宛如一面明镜。在湖泊中可以看到倒映着周围山峦和森林的美丽景色，如长白山天池和白河。溪流蜿蜒曲折，潺潺流淌，与周围的绿色相映成趣，给人一种宁静和宜人的感觉。
5. 四季分明的景色：长白山四季分明，每个季节都呈现出不同的景色

图 4-3　ChatGPT 简单罗列相关的特点内容（续）

接下来，我们再问一次，"请写出长白山的风景特点 Let's think step by step"，出来的结果就很不一样了，如图 4-4 所示。很明显，加上了关键词 Let's think step by step 后，ChatGPT 给出的答案内容顺序更有逻辑性，从画面主体到细节特点，从主要内容到次要内容，主次更加分明。

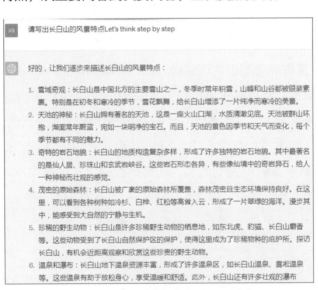

图 4-4　ChatGPT 更有逻辑性的回答

4.1.4　拓宽 ChatGPT 的思维

如果你经常需要用 ChatGPT 来做创意项目及策划类的方案，此时可以在提问时加上这个关键词 "What are some alternative perspectives？（有哪些可

以考虑的角度）"，可以瞬间拓宽 ChatGPT 的思维广度。

例如，在 ChatGPT 中输入"请描写一段'爱人邂逅的场景'"，ChatGPT 的回答如图 4-5 所示，整体内容比较平铺直叙。

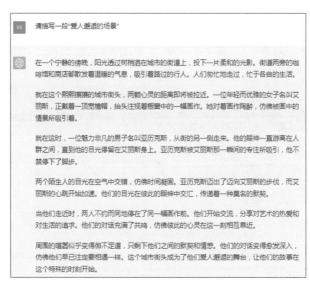

图 4-5　ChatGPT 的回答

如果你还想要更多选择，此时可以再次提问"请描写一段'爱人邂逅的场景'What are some alternative perspectives？"，ChatGPT 会从不同的观点和角度来回答该问题，给用户提供更多的思路和帮助，如图 4-6 所示。

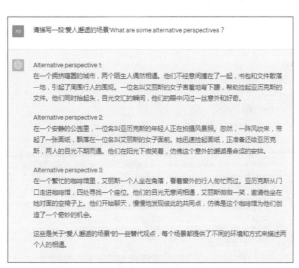

图 4-6　ChatGPT 从不同的观点和角度回答问题

4.1.5 给 ChatGPT 身份定义

在提问的时候，用户可以给 ChatGPT 身份定义，同时描述问题的背景，甚至可以让 ChatGPT 向用户提问，从而给出更加具体的场景。

例如，在 ChatGPT 中输入"你是一位有着 10 年写作经验的小说家，你需要帮助我写一篇 200 字的小说写作教程。在你给出答案前，可以问我 5 个关于小说写作的问题"，ChatGPT 的回答如图 4-7 所示。

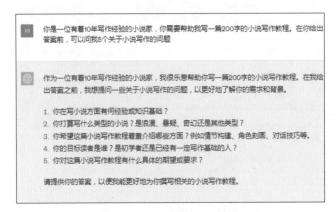

图 4-7　ChatGPT 的回答

从图 4-7 可以看到，ChatGPT 一共提出了 5 个问题，接下来一一进行回答，ChatGPT 即可生成更符合用户需求的内容，如图 4-8 所示。

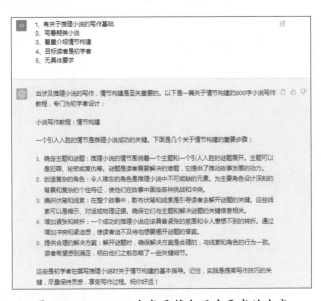

图 4-8　ChatGPT 生成更符合用户需求的内容

4.2　画面：生成 AI 绘画的关键词

在进行 AI 绘画时，关键词撰写是比较重要的一步，如果关键词描述得不太准确，此时得到的 AI 绘画结果就不会太精准，有些用户常常不知道如何描述对象，撰写绘画关键词的时候会浪费许多时间，此时就可以把"画面描述"这个任务交给 ChatGPT 来完成，灵活使用 ChatGPT 生成 AI 绘画关键词，就可以完美解决词穷的问题。本节主要介绍使用 ChatGPT 生成 AI 绘画关键词的技巧。

4.2.1　直接提问获取关键词

当进行 AI 绘画时，如果不知道如何撰写关键词，此时可以直接向 ChatGPT 提问，让它帮你描绘出需要的画面和场景关键词，下面介绍具体的操作方法。

▶▶ 步骤 1　在 ChatGPT 中输入"帮我形容下日出的场景"，ChatGPT 给出的回答已经比较详细了，其中有许多关键词可以使用，比如"美丽而壮观的日出场景、温暖的粉红和橙色、微弱的金色细线、如同精灵舞蹈一般、朝霞和晨雾，树木、建筑和水面"，如图 4-9 所示。

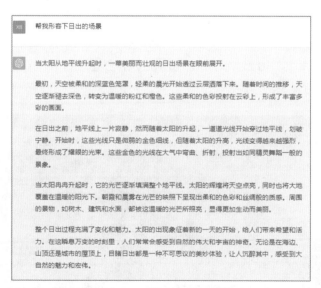

图 4-9　ChatGPT 第一次给出的回答

▶▶ 步骤 2　如果你需要更细致地描述一下日出的场景细节，此时可以再次输入"形容得再细致点，主要是场景构图特点"，此时 ChatGPT 将对日出的场景细节再次进行细致描述，又可以得到许多的关键词，如图 4-10 所示，这就是直接提问获取关键词。

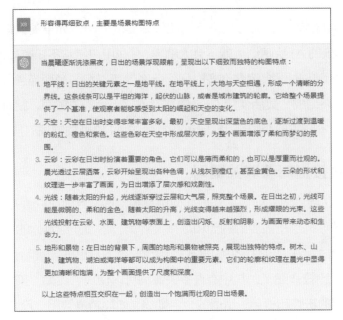

图 4-10　ChatGPT 第二次给出的回答

▶▶ 步骤3　接下来，我们将 ChatGPT 中获取的关键词先翻译成英文，然后在 Midjourney 中调用 imagine 指令，输入相应的关键词并增加细节，如图 4-11 所示。本书第 6 章中对 Midjourney 平台会进行详细介绍，读者可以参考第 6 章的使用方法进行操作。

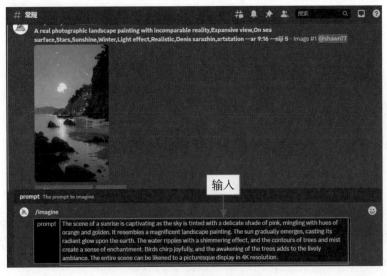

图 4-11　输入相应的关键词

▶▷ 步骤4 按【Enter】键确认后，Midjourney 将生成四张对应的图片，效果如图 4-12 所示。

图 4-12　在 Midjourney 中生成的照片效果

专家提醒：本实例中用到的关键词为"日出的场景，天空染上淡淡的粉红色，混合着橙红和金黄的色彩，一幅壮丽的风景画，太阳浮现，波光粼粼，透过迷雾和树木的轮廓，鸟儿鸣叫，树木苏醒，4K 画质"。

4.2.2　通过对话不断获取关键词

扫码看视频

我们可以将 ChatGPT 看作一个功能强大的"智能聊天机器人"，可以通过与它不断的对话，得到我们想要的 AI 绘画关键词。下面以"故宫景色"为例，向大家讲解如何通过对话获取 AI 绘画关键词，具体操作步骤如下。

▶▷ 步骤1 在 ChatGPT 中输入"请根据我给你的 idea，描述一个富有历史气息的画面，然后使用逗号分隔描述里的修饰词，并把描述翻译成英文。idea: 故宫景色"，ChatGPT 给出了许多的文案信息，并翻译成了英文，如图 4-13 所示。

X8 请根据我给你的idea，描述一个富有历史气息的画面，然后使用逗号分隔描述里的修饰词，并把描述翻译成英文。idea：故宫景色

在金碧辉煌的故宫景色中，屹立着宏伟壮丽的紫禁城。巍峨雄伟的红墙，雕刻精美的青铜门，静谧的石板路上，纷纷扬扬飘落的樱花瓣。恢弘的殿宇散发着古老而庄严的气息，宫殿上琉璃瓦闪耀着太阳的光芒。明黄色的宫墙映衬着碧绿的琉璃瓦，彩绘的斗拱和脊兽为这座宫殿增添了浓厚的艺术氛围。细腻瑰丽的雕花、精湛的彩绘以及金碧辉煌的宝顶让人流连忘返。远处，迷雾笼罩的山峦若隐若现，给整个景色增添了一层神秘的色彩。这一幕仿佛将人们带回了辉煌繁盛的古代帝王时代。

Translation: In the magnificent scenery of the Forbidden City, stands the grand and majestic Palace Museum. Towering red walls, exquisitely carved bronze doors, and a tranquil stone pathway adorned with drifting cherry blossom petals. The grand halls emit an ancient and solemn aura, while the glazed tiles on the palace roofs shimmer in the sunlight. The bright yellow palace walls contrast with the emerald green tiles, while the painted brackets and mythical creatures add a strong artistic atmosphere to the palace. Intricate carvings, exquisite paintings, and glistening golden pinnacles captivate the beholder. In the distance, mist-shrouded mountains emerge and disappear, adding a touch of mystery to the entire scene. This picturesque view transports people back to the glorious and prosperous era of ancient emperors.

图 4-13 ChatGPT 给出了许多的文案信息

▶▷ 步骤 2 ChatGPT 给出的文案信息过多，内容太长，下一步我们希望它能将语言简练一点，此时可以再次输入“简短一些，仅保留关键词，并使用逗号将关键词隔开，然后翻译成英语”，这次 ChatGPT 的回答结果精简了很多，并翻译成了英文，如图 4-14 所示。

X8 简短一些，仅保留关键词，并使用逗号将关键词隔开，然后翻译成英语

故宫景色：紫禁城, 红墙, 青铜门, 樱花瓣, 殿宇, 琉璃瓦, 彩绘, 脊兽, 雕花, 迷雾

Translation: Forbidden City scenery: Forbidden City, red walls, bronze doors, cherry blossom petals, palaces, glazed tiles, painted decorations, mythical creatures, carvings, mist.

图 4-14 ChatGPT 更加精简的回答

▶▷ 步骤 3 复制这段英文，打开 Midjourney 页面，将复制的内容粘贴到 Midjourney 页面的输入框中，如图 4-15 所示。

▶▷ 步骤 4 按【Enter】键确认，即可看到 Midjourney Bot 已经开始工作了，稍等片刻，Midjourney 将生成四张对应的图片，如图 4-16 所示。需要注意的是，即使是相同的关键词，Midjourney 每次生成的图片效果也不一样。

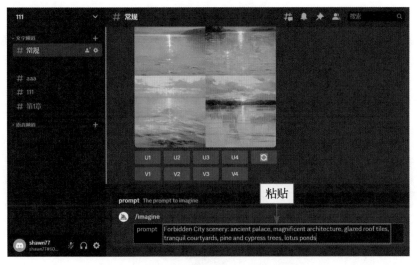

图 4-15　打开 Midjourney 页面粘贴内容

图 4-16　Midjourney 将生成四张对应的图片

▶▷ 步骤5　可以看到，Midjourney 生成的图片属于插画风格，如果我们需要摄影风格，此时可以在 ChatGPT 的关键词中对照片的风格进行定义。在 ChatGPT 中继续输入"我需要摄影风格的照片，4K，请加入到关键词中"，这次 ChatGPT 的回答如图 4-17 所示。

▶▷ 步骤6　复制 ChatGPT 给出的英文回答，再次打开 Midjourney 页面，将复制的内容粘贴到 Midjourney 页面的输入框中，按【Enter】键确认，稍等片刻，即可看到 Midjourney 生成了多张摄影风格的故宫风景照片，如图 4-18 所示。

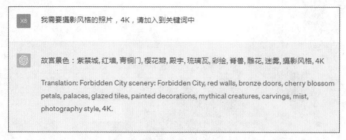

图 4-17　对照片的风格进行定义

图 4-18　Midjourney 生成了多张摄影风格的故宫风景照片

▶▶ 步骤 7　如果你觉得照片有些单调，需要在照片中加入一些元素，此时可以在 ChatGPT 中继续输入"在关键词中，加入一个年纪见长的老人背影"，这次 ChatGPT 的回答如图 4-19 所示。

图 4-19 在 ChatGPT 中继续输入内容

▶▶ 步骤8 再次复制 ChatGPT 给出的英文回答，打开 Midjourney 页面，将复制的内容粘贴到 Midjourney 页面的输入框中，按【Enter】键确认，稍等片刻，即可看到 Midjourney 生成的故宫景色照片中，加入了一个老人的背影，如图 4-20 所示。

图 4-20 Midjourney 根据要求再次生成照片

4.2.3 区分中、英文关键词

扫码看视频

在与 ChatGPT 进行对话的时候，还可以以表格形式生成需要的关键词内容。下面介绍通过表格区分中、英文关键词的具体操作方法。

▶▶ 步骤1 在 ChatGPT 中输入"一张海报的构思分几个部分，尽量全面且详细，用表格回答"，ChatGPT 将以表格的形式给出回答，如图 4-21 所示。

▶▶ 步骤2 继续向 ChatGPT 提问，让它给出具体的提示词，在 ChatGPT 中输入"有哪些海报类型，请用表格回答，中英文对照"，ChatGPT 给出了许多的主题类别，并有英文和中文对照，如图 4-22 所示，从这些回答中可以提取关键词信息。

一张海报的构思分几个部分，尽量全面且详细，用表格回答

以下是一张海报的构思，分为六个部分，每个部分包含了相关的内容和描述：

部分	描述
1. 标题	海报的标题，通常是突出和吸引人的短语或口号，用于引起观众的注意。标题应简洁明了，与海报的主题相关。
2. 图片	海报的主要图像或插图，用于传达主题或概念。图片应具有视觉吸引力，并与海报的目标一致。可以使用摄影、插画、图形设计等不同类型的图片。
3. 主要文本	海报的主要文本内容，用于传达信息或触发观众的兴趣。主要文本可以包括活动的日期、时间、地点、主要亮点等重要信息。文字应清晰易读，字体和颜色应与海报的整体风格相匹配。
4. 附加文本	海报的补充文本内容，用于提供更多细节或说明。附加文本可以包括活动的详细描述、特邀嘉宾、主题演讲者、合作伙伴等相关信息。文字应清晰易读，字体和颜色应与海报的整体风格相匹配。
5. 背景	海报的背景设计，用于增加整体视觉效果。背景可以是单色、渐变色、图案或其他艺术元素。背景应与海报的主题和内容相协调，并不会干扰主要信息的传达。
6. 布局	海报的整体布局和排版，用于组织各个元素的位置和关系。布局应考虑到信息的重要性和可读性，通过合理的分区、对齐和比例来实现视觉平衡。布局应使海报易于阅读和理解。

以上是一张海报的常见构思部分，根据实际需要和设计要求，可以对每个部分进行进一步的扩展和调整。

图 4-21　ChatGPT 将以表格的形式给出回答

有哪些海报类型，请用表格回答，中英文对照

以下是常见的海报类型及其中英文对照：

海报类型	Poster Type
1. 电影海报	Movie Poster
2. 音乐会海报	Concert Poster
3. 展览海报	Exhibition Poster
4. 活动海报	Event Poster
5. 慈善海报	Charity Poster
6. 广告海报	Advertising Poster
7. 教育海报	Educational Poster
8. 政治海报	Political Poster
9. 体育海报	Sports Poster
10. 旅游海报	Travel Poster
11. 健康海报	Health Poster
12. 环保海报	Environmental Poster
13. 儿童海报	Children's Poster
14. 社交媒体海报	Social Media Poster
15. 科技海报	Technology Poster
16. 演讲海报	Lecture Poster
17. 职业招聘海报	Job Recruitment Poster
18. 学术会议海报	Academic Conference Poster
19. 产品推广海报	Product Promotion Poster
20. 毕业纪念海报	Graduation Commemorative Poster

以上海报类型仅为一些常见示例，实际上还有许多其他类型的海报，可以根据具体需求进行创作和设计。

图 4-22　ChatGPT 给出了许多的主题类别

▷▷ 步骤 3　在 ChatGPT 中继续输入“海报的背景设计有哪些风格，请用表格回答，中英文对照”，ChatGPT 将会给出背景设计风格的相关回答，如图 4-23 所示。

海报的背景设计有哪些风格，请用表格回答，中英文对照

以下是常见的海报背景设计风格及其中英文对照：

背景设计风格	Background Design Style
1. 简约风格	Minimalist Style
2. 扁平设计风格	Flat Design Style
3. 抽象艺术风格	Abstract Art Style
4. 文字排列风格	Typography Style
5. 手绘风格	Hand-drawn Style
6. 渐变色风格	Gradient Style
7. 图形几何风格	Geometric Style
8. 水彩绘画风格	Watercolor Style
9. 复古风格	Vintage Style
10. 纹理背景风格	Texture Background Style
11. 暗黑风格	Dark Style
12. 自然元素风格	Nature Elements Style
13. 光线效果风格	Light Effects Style
14. 氛围色调风格	Atmospheric Tones Style
15. 照片背景风格	Photographic Background Style
16. 艺术插图风格	Art Illustration Style
17. 社交媒体风格	Social Media Style
18. 未来科技风格	Futuristic Style
19. 音乐元素风格	Music Elements Style
20. 城市风格	Urban Style

图 4-23　ChatGPT 给出背景设计风格的相关回答

▷▷ 步骤 4　继续向 ChatGPT 提问，可以针对意图、布局、色彩及材质等提出具体的细节，提问越具体，ChatGPT 的回答越精准，可以从这些表格中复制需要的关键词信息，粘贴到 AI 绘图工具中，生成需要的照片画面。

4.3　优化：提升文本内容的精准度

ChatGPT 具有自然语言生成和理解的功能，能够为用户提供各种应用场景下的语言交流和信息生成服务，优化文本内容可以提高内容的精准度和吸引力，本节将具体介绍文本内容的优化技巧。

4.3.1　用其他作者风格输出文本

使用 ChatGPT 来输出文本时，模型会倾向于以自己的语言和风格生成回复。

当然，也可以用其他作者的风格输出文本。

例如，在 ChatGPT 中输入“写一个魔幻现实主义的故事，模仿马尔克斯的风格，字数为 500 字左右”，由于生成的内容有字数限制，因此没写完就会断掉，此时用户可以输入“继续写”，即可继续生成文本，如图 4-24 所示。

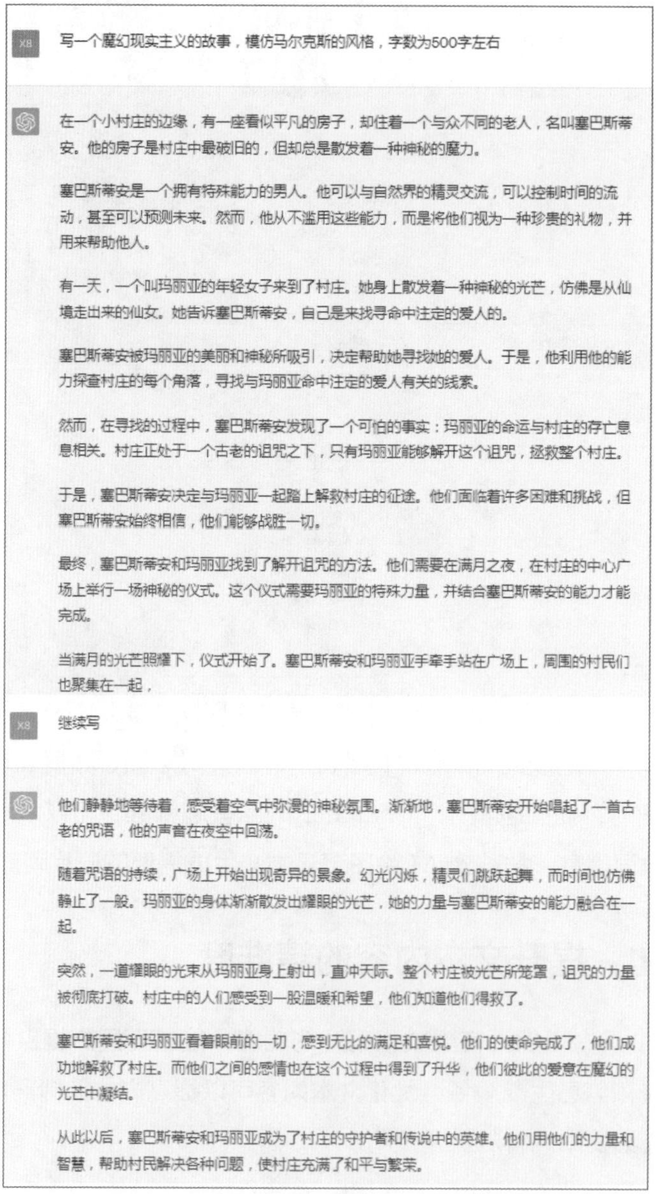

写一个魔幻现实主义的故事，模仿马尔克斯的风格，字数为500字左右

在一个小村庄的边缘，有一座看似平凡的房子，却住着一个与众不同的老人，名叫塞巴斯蒂安。他的房子是村庄中最破旧的，但却总是散发着一种神秘的魔力。

塞巴斯蒂安是一个拥有特殊能力的男人。他可以与自然界的精灵交流，可以控制时间的流动，甚至可以预测未来。然而，他从不滥用这些能力，而是将他们视为一种珍贵的礼物，并用来帮助他人。

有一天，一个叫玛丽亚的年轻女子来到了村庄。她身上散发着一种神秘的光芒，仿佛是从仙境走出来的仙女。她告诉塞巴斯蒂安，自己是来找寻命中注定的爱人的。

塞巴斯蒂安被玛丽亚的美丽和神秘所吸引，决定帮助她寻找她的爱人。于是，他利用他的能力探查村庄的每个角落，寻找与玛丽亚命中注定的爱人有关的线索。

然而，在寻找的过程中，塞巴斯蒂安发现了一个可怕的事实：玛丽亚的命运与村庄的存亡息息相关。村庄正处于一个古老的诅咒之下，只有玛丽亚能够解开这个诅咒，拯救整个村庄。

于是，塞巴斯蒂安决定与玛丽亚一起踏上解救村庄的征途。他们面临着许多困难和挑战，但塞巴斯蒂安始终相信，他们能够战胜一切。

最终，塞巴斯蒂安和玛丽亚找到了解开诅咒的方法。他们需要在满月之夜，在村庄的中心广场上举行一场神秘的仪式。这个仪式需要玛丽亚的特殊力量，并结合塞巴斯蒂安的能力才能完成。

当满月的光芒照耀下，仪式开始了。塞巴斯蒂安和玛丽亚手牵手站在广场上，周围的村民们也聚集在一起，

继续写

他们静静地等待着，感受着空气中弥漫的神秘氛围。渐渐地，塞巴斯蒂安开始唱起了一首古老的咒语，他的声音在夜空中回荡。

随着咒语的持续，广场上开始出现奇异的景象。幻光闪烁，精灵们跳跃起舞，而时间也仿佛静止了一般。玛丽亚的身体渐渐散发出耀眼的光芒，她的力量与塞巴斯蒂安的能力融合在一起。

突然，一道耀眼的光束从玛丽亚身上射出，直冲天际。整个村庄被光芒所笼罩，诅咒的力量被彻底打破。村庄中的人们感受到一股温暖和希望，他们知道他们得救了。

塞巴斯蒂安和玛丽亚看着眼前的一切，感到无比的满足和喜悦。他们的使命完成了，他们成功地解救了村庄。而他们之间的感情也在这个过程中得到了升华，他们彼此的爱意在魔幻的光芒中凝结。

从此以后，塞巴斯蒂安和玛丽亚成为了村庄的守护者和传说中的英雄。他们用他们的力量和智慧，帮助村民解决各种问题，使村庄充满了和平与繁荣。

图 4-24　用马尔克斯的风格生成文本

由图 4-24 可见，ChatGPT 生成的内容整体条理清晰、文笔自然流畅。不

过，由于文章篇幅有限，在后续仍然有其固有的语言和生成特点，用户可以考虑把 ChatGPT 当成一个辅助工具，在其生成的内容基础上去进行润色和修改，写出更加优质的故事或小说作品。

4.3.2　对答案设置限制

ChatGPT 在有些情况下的回答十分笼统，意思表达得不够明确，没有用户想要的内容。此时，用户可以对 ChatGPT 的回答设置一些限制，以更加准确地生成想要的内容。例如，在 ChatGPT 中输入"写一个科幻主题的故事，模仿刘慈欣的风格，字数为 600 字左右，要有标题，不要出现人的名字"，生成的故事内容如图 4-25 所示。

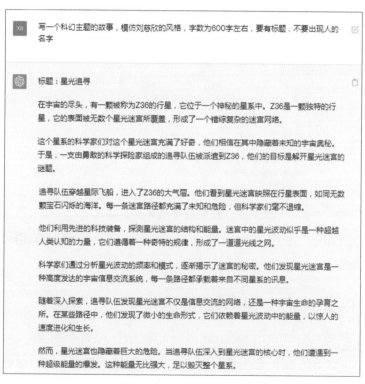

图 4-25　对 ChatGPT 生成的答案设置限制

4.3.3　指定受众群体

在与 ChatGPT 进行交互时提供上下文和明确的问题来间接地指定受众。通过提供特定领域、特定背景或专业知识相关的问题，可以帮助模型更好地理解你的需求，并提供更相关的回答。

在与 ChatGPT 的对话中明确指出你的受众范围，以便模型能够更好地适应你的需求，并给出更有针对性的回答。例如，在 ChatGPT 中输入"针对高考生写一篇考前注意事项的文章，字数为 200 字左右"，生成的内容如图 4-26 所示。

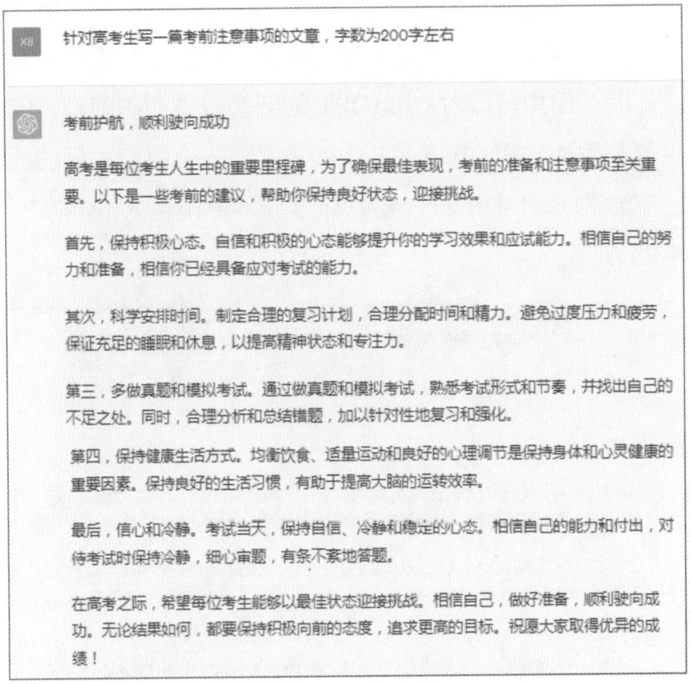

图 4-26　指定高考生为受众群体

通过提供明确的问题和相关上下文，可以增加模型对特定受众群体需求的理解和回应。

4.3.4　以 ASCII 艺术形式获得结果

ASCII 艺术（ASCII Stereogram），也被称为 ASCII 图形或文本艺术，是一种使用 ASCII 字符来创作图像、图表和图案的艺术形式。它可以使用简单的字符来创作出各种形式的艺术作品，包括人物、动物、景物、标志和抽象图案等。

ASCII 艺术是计算机早期时代的一种表现形式，如今仍然被广泛使用和欣赏，成为一种独特的数字艺术形式。我们可以将它运用到 ChatGPT 当中来，例如，在 ChatGPT 中输入"用 ASCII 艺术形式生成一只小猫"，生成的内容如图 4-27 所示。

图 4-27　用 ASCII 艺术形式生成一只小猫

这种形式的艺术通常以单色或灰度的方式呈现，因为它们只使用了字符本身的颜色和背景颜色。

4.3.5　切换视角

使用 ChatGPT 通过在不同的段落或章节中使用不同的视角，可以引入不同的人物、观点或经历，以便获得更全面的理解。

例如，在 ChatGPT 中输入"以第二人称视角写一封给孩子的信，字数 500 左右"，生成的故事内容如图 4-28 所示。

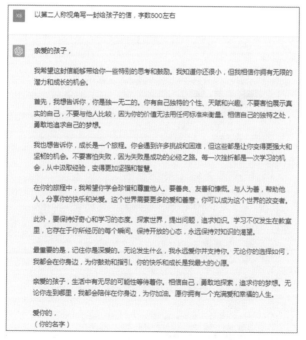

图 4-28　以第二人称视角写一封信

通过切换视角，可以提供更多的信息和观点，增强文章的深度和广度。切换视角可以增加文章的复杂性和丰富性，使读者更加深入地思考和探索讨论的话题。

4.3.6　提供实例

通过提供实例，用户可以更清楚地说明问题或需求，使 ChatGPT 更好地理解用户的意图。下面介绍如何向 ChatGPT 提供实例来撰写文章。

▶▶步骤 1　首先，向 ChatGPT 提供一个实例，在 ChatGPT 中输入"给你一个实例：一个人发现有人落水，他毫不犹豫地跳下河，救出被困在河中央的人，即使自己也面临生命危险"，如图 4-29 所示。

▶▶步骤 2　根据上面的实例内容来生成文本，在 ChatGPT 中输入"以上面的实例，撰写一篇社会新闻风格的文章"，生成的内容如图 4-30 所示。

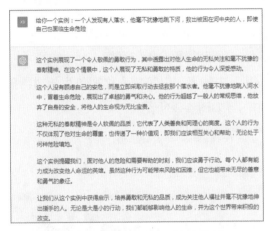

图 4-29　向 ChatGPT 提供实例

图 4-30　根据实例生成内容

可以看到，向 ChatGPT 提供实例可以表达具体的情境，使 ChatGPT 能够更好地理解用户的意思并给出准确的回答。

4.3.7　进行角色扮演

向 ChatGPT 进行角色扮演是指你扮演某个角色或身份，并通过与 ChatGPT 的对话来模拟该角色的言谈和行为。提供有关该角色的背景信息、情感状态、目标和观点，然后与 ChatGPT 进行对话，以模拟该角色在特定情境下的回答和反应。

▶▷ 步骤1　告诉 ChatGPT "我是一个摄影博主，我现在身处海边，需要在这里拍一些风景照"。随后，ChatGPT 将给出一些关于摄影博主的建议，并列举了七个方法，如图 4-31 所示。

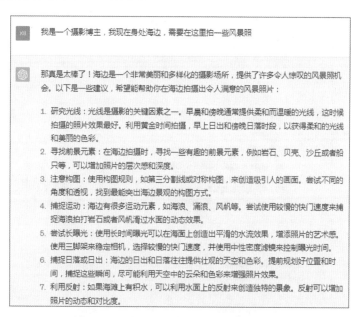

图 4-31　使用 ChatGPT 进行角色扮演

▶▷ 步骤2　在进行角色扮演时，ChatGPT 会根据所提供的角色信息尽力给出合适的回答，向 ChatGPT 询问 "在拍摄的过程中，我还想去海边捡一些贝壳，请问捡贝壳有哪些技巧"。生成的内容如图 4-32 所示。

在拍摄的过程中，我还想去海边捡一些贝壳，请问捡贝壳有哪些技巧

当你在海边捡贝壳时，以下是一些技巧和建议可以帮助你：

1. 选择合适的时间：尽量在退潮时段前往海滩，这样会有更多的贝壳暴露在海滩上。查看当地的潮汐表，选择合适的时间段。
2. 寻找适宜的地点：探索海滩上的不同区域，有些地方可能会有更多的贝壳。尝试靠近岩石、礁石或浅水区域，这些地方通常是贝壳聚集的好地方。
3. 注意安全：在捡贝壳时，请确保自己的安全。避免走入危险区域，尤其是在潮水涨来时要小心涨潮。注意脚下的岩石或不平整的地面，以免发生意外。
4. 仔细观察：贝壳可能在沙滩上很容易被掩埋或与周围环境融为一体，因此要仔细观察。注意贝壳的形状、颜色和纹理等特征，这有助于你更好地辨别它们。
5. 尊重生态环境：在捡贝壳时，请确保你没有破坏贝壳的生态环境。遵守当地的规定和法律，不要捡取受保护的物种或有限捕捞的贝壳。留下一些贝壳供其他人和海洋生物欣赏。

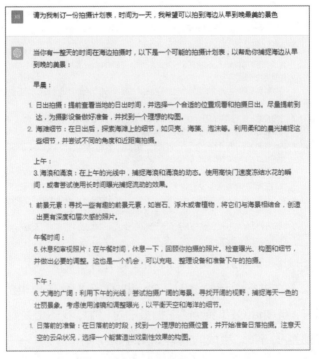

图 4-32　向 ChatGPT 询问技巧

步骤 3　也可以向 ChatGPT 制订一份行程计划表，确定一天的行程路线，在 ChatGPT 中输入“请为我制订一份拍摄计划表，时间为一天，我希望可以拍到海边从早到晚最美的景色”。随后，ChatGPT 将根据你的角色背景来生成一份拍摄计划表，如图 4-33 所示。

请为我制订一份拍摄计划表，时间为一天，我希望可以拍到海边从早到晚最美的景色

当你有一整天的时间在海边拍摄时，以下是一个可能的拍摄计划表，以帮助你捕捉海边从早到晚的美景：

早晨：

1. 日出拍摄：提前查看当地的日出时间，并选择一个合适的位置观看和拍摄日出。尽量提前到达，为摄影设备做好准备，并找到一个理想的构图。
2. 海滩细节：在日出后，探索海滩上的细节，如贝壳、海藻、泡沫等。利用柔和的晨光捕捉这些细节，并尝试不同的角度和近距离拍摄。

上午：

3. 海浪和涌浪：在上午的光线中，捕捉海浪和涌浪的动态。使用高快门速度冻结水花的瞬间，或者尝试使用长时间曝光捕捉流动的效果。

1. 前景元素：寻找一些有趣的前景元素，如岩石、浮木或者植物，将它们与海景相结合，创造出更有深度和层次感的照片。

午餐时间：

5. 休息和审视照片：在午餐时间，休息一下，回顾你拍摄的照片。检查曝光、构图和细节，并做出必要的调整。这也是一个机会，可以充电、整理设备和准备下午的拍摄。

下午：

6. 大海的广阔：利用下午的光线，尝试拍摄广阔的海景。寻找开阔的视野，捕捉海天一色的壮丽景象。考虑使用滤镜和调整曝光，以平衡天空和海洋的细节。

1. 日落前的准备：在日落前的时段，找到一个理想的拍摄位置，并开始准备日落拍摄。注意天空的云朵状况，选择一个能营造出戏剧性效果的构图。

图 4-33　用 ChatGPT 生成拍摄计划表

使用 ChatGPT 进行角色扮演可以用于各种目的，它可以更好地理解角色的动机和行为，包括写作、角色测试及情景模拟等。

4.3.8　获得细致的答案

使用 ChatGPT 时没有获得满意的答案，这是因为 ChatGPT 没有收到具体的需求。用户在提问题之前，可以先问 ChatGPT 应该如何提问，通过这个前置问题，ChatGPT 会提供全面的建议，有助于查漏补缺。下面介绍具体的操作方法。

▶▶ 步骤 1　首先，在 ChatGPT 中输入"请帮我出一个关于美术作品展的宣传标题"，随后 ChatGPT 将生成一个关于美术作品展的宣传标题，如图 4-34 所示。

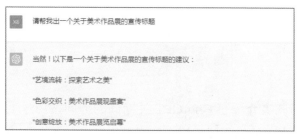

图 4-34　ChatGPT 生成的标题

▶▶ 步骤 2　用户对 ChatGPT 生成的这个标题可能不太满意，此时可以在问题后面提供具体的要求，随后 ChatGPT 将给出相应的建议和例子，如图 4-35 所示。

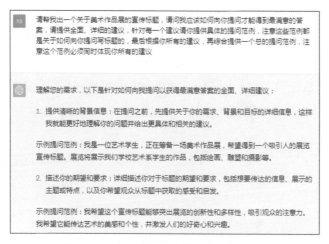

图 4-35　向 ChatGPT 提供具体的要求

▶▶ 步骤 3　根据 ChatGPT 的回答来重新提问，并在问题后面加入"请给多个标题供我选择", ChatGPT 的回答如图 4-36 所示。

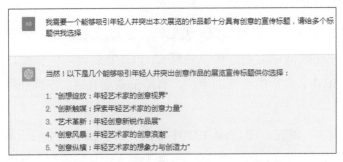

图 4-36　ChatGPT 根据提问给出的标题

在提问的后面提供详细的要求就能获得更加细致的答案，从图 4-36 可以看到，第二次的回答相较于第一次的回答要更加全面，也更加符合期望。

本章小结

本章主要向读者介绍了 ChatGPT 关键词的提问技巧、生成 AI 绘画关键词的技巧与文本内容的优化技巧等，包括模仿风格、对答案设置限制、切换视角及进行角色扮演等内容。通过对本章的学习，希望读者能够更加熟练地使用 ChatGPT。

课后习题

鉴于本章知识的重要性，为了帮助读者更好地掌握所学知识，本章将通过课后习题，帮助读者进行简单的知识回顾和补充。

1. 以拍摄日出为主题，用 ChatGPT 生成一篇具有逻辑性的拍摄方案。

2. 以开展摄影作品展览为主题，用 ChatGPT 生成相应关键词，并翻译成英文。

【绘制实战篇】

第 **5** 章

新手：文心一格
快速生成画作

文心一格通过人工智能技术的应用，为用户提供了一系列高效、具有创造力的 AI 创作工具和服务，让用户在艺术和创意、创作方面能够更自由、更高效地实现自己的创意想法。本章主要介绍文心一格的基础玩法和进阶玩法，帮助大家实现"一语成画"的目标。

5.1 基础：文心一格的使用方法

文心一格是源于百度在人工智能领域的持续研发和创新的一款产品。百度在自然语言处理、图像识别等领域中积累了深厚的技术实力和海量的数据资源，以此为基础不断推进人工智能技术在各个领域的应用。

用户可以通过文心一格快速生成高质量的画作，支持自定义关键词、画面类型、图像比例、数量等参数，且生成的图像质量可以与人类创作的艺术品媲美。需要注意的是，即使是完全相同的关键词，文心一格每次生成的画作也是会有差异的。本节主要介绍文心一格的基本使用方法，帮助大家快速上手。

扫码看视频

5.1.1 充值文心一格"电量"

"电量"是文心一格平台为用户提供的数字化商品，用于兑换文心一格平台上的图片生成服务、指定公开画作下载服务及其他增值服务等。下面介绍充值文心一格"电量"的操作方法。

▶▶ 步骤 1 登录文心一格平台后，在"首页"页面中单击 ⚡ 按钮，如图 5-1 所示。

图 5-1 单击 ⚡ 按钮

▶▶ 步骤 2 执行操作后，即可进入充电页面，用户可以通过完成签到、画作分享等任务来领取"电量"，也可以单击"充电"按钮，如图 5-2 所示。

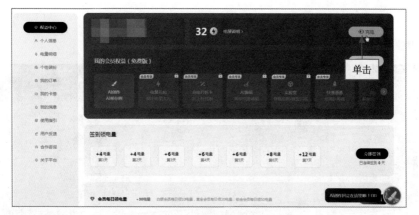

图 5-2 单击"充电"按钮

▶▶ 步骤3 执行操作后，弹出"为创作充电"对话框，如图 5-3 所示，选择相应的充值金额，单击"立即购买"按钮进行充值即可。"电量"可用于文心一格平台提供的 AI 创作服务，当前支持选择"推荐"和"自定义"模式进行自由 AI 创作。创作失败的画作对应消耗的"电量"会退还到用户的账号，用户可以在"电量明细"页面中查看。

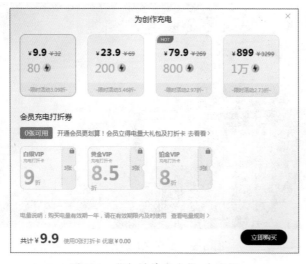

图 5-3 "为创作充电"对话框

扫码看视频

5.1.2 运用关键词一键作画

对于新手来说，可以直接使用文心一格的"推荐"AI 绘画模式，只需输入关键词（该平台也将其称为创意），即可让 AI 自动生成画作，具体操作方法如下。

▶▶ 步骤 1 登录文心一格后，单击"立即创作"按钮，进入"AI 创作"页面，输入相应的关键词，单击"立即生成"按钮，如图 5-4 所示。

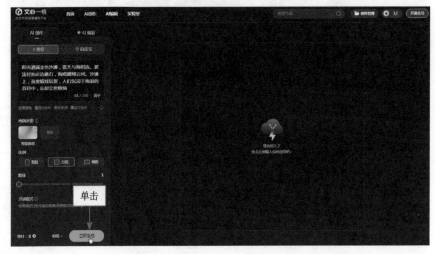

图 5-4 单击"立即生成"按钮

▶▶ 步骤 2 稍等片刻，即可生成一幅相应的 AI 绘画作品，如图 5-5 所示。

图 5-5 生成 AI 绘画作品

专家提醒：本实例用到的关键词为"阳光洒满金色沙滩，蓝天与海相连。波涛轻拍岸边礁石，海鸥翱翔云间。沙滩上，孩童嬉戏玩耍，人们沉浸于海浪的音符中，忘却尘世烦恼"。

5.1.3　选择不同的画面风格

文心一格的画面类型非常多，包括"智能推荐""艺术联想""唯美二次元""怀旧漫画风""中国风""概念插画""梵高""超现实主义""动漫风""插画""像素艺术""炫彩插画"等类型。下面介绍选择不同的画面风格的操作方法。

▶▶ 步骤1　进入"AI 创作"页面，输入相应的关键词，在"画面类型"选项区中单击"更多"按钮，如图 5-6 所示。

图 5-6　单击"更多"按钮

▶▶ 步骤2　执行操作后，即可展开"画面类型"选项区，在其中选择"唯美二次元"选项，如图 5-7 所示。

图 5-7　选择"唯美二次元"选项

专家提醒：本实例中用到的关键词为"阳光下，小女孩与快乐的狗狗追逐嬉戏。笑容灿烂，尾巴摇摆，洋溢着无尽的友爱和快乐。他们共同创造着美好的记忆，成为永恒的朋友。"

"唯美二次元"的特点是画面中充满了色彩斑斓、细腻柔和的线条，表现出梦幻、浪漫的情感氛围，让人感到轻松愉悦，常见于动漫、游戏、插画等领域。

▶▶ 步骤 3　单击"立即生成"按钮，即可生成一幅"唯美二次元"类型的 AI 绘画作品，效果如图 5-8 所示。

图 5-8　生成"唯美二次元"类型的 AI 绘画作品

扫码看视频

5.1.4　设置图片比例与数量

除了可以设置画面类型外，文心一格还可以设置图像的比例（竖图、方图和横图）和数量（最多 9 张），具体操作方法如下。

▶▶ 步骤 1　进入"AI 创作"页面，输入相应的关键词，设置"比例"为"竖图"、"数量"为 2，如图 5-9 所示。

图 5-9　设置"比例"和"数量"选项

专家提醒：本实例中用到的关键词为"青石小巷弯弯曲曲，红砖老房静静屹立。街角飘散着咖啡香气，古朴门窗映衬着花团锦簇的小店。时光在老街上静静流转，传承着岁月的故事，高清渲染，高分辨率"。

▶▶ 步骤2 单击"立即生成"按钮，生成两幅 AI 绘画作品，效果如图 5-10 所示。

图 5-10 生成两幅 AI 绘画作品

5.1.5 使用高级自定义模式

扫码看视频

使用文心一格的"自定义"AI 绘画模式，用户可以设置更多的关键词，从而让生成的图片效果更加符合自己的需求，具体操作方法如下。

▶▶ 步骤1 进入"AI 创作"页面，切换至"自定义"选项卡，输入相应的关键词，设置"选择 AI 画师"为"二次元"、"尺寸"为 16 : 9，如图 5-11 所示。

▶▶ 步骤2 在下方继续设置"画面风格"为"动漫"、"修饰词"为"精细刻画"、"不希望出现的内容"为"腿部"，如图 5-12 所示。

▶▶ 步骤3 单击"立即生成"按钮，页面中即可生成自定义的 AI 绘画作品，效果如图 5-13 所示。

设置

设置

图 5-11 设置 AI 画师和图像尺寸　　　　图 5-12 设置其他选项

图 5-13 生成自定义的 AI 绘画作品

> 专家提醒：本实例中用到的关键词为"黑发如瀑，樱桃红唇，眸子犹如明星点点。穿着传统的绣花衣裳，手捧着纸鹤，笑靥如花，纯真可爱，高清，4K 画质"。

5.2 提升：文心一格的进阶玩法

上一节介绍了文心一格的基本使用方法，讲解了文心一格的一些简单操作，本节主要讲解文心一格的进阶玩法，让大家掌握文心一格的高级功能。

扫码看视频

5.2.1 以图生图制作二次元

使用文心一格的"上传参考图"功能，用户可以上传任意一张图片，通过文字描述想修改的地方，实现以图生图的效果，具体操作方法如下。

▶▶ 步骤1 在"AI 创作"页面的"自定义"选项卡中输入相应关键词，设置"选择 AI 画师"为"二次元"，单击"上传参考图"下方的■按钮，如图 5-14所示。

图 5-14 单击■按钮

▶▶ 步骤2 执行操作后，弹出"打开"对话框，选择相应的参考图，如图 5-15 所示。

▶▶ 步骤3 单击"打开"按钮，上传参考图，并设置"影响比重"为 6，该数值越大参考图的影响就越大，如图 5-16 所示。

▶▶ 步骤4 设置"数量"为1,单击"立即生成"按钮,如图 5-17 所示。

图 5-15 选择相应的参考图

图 5-16 设置"影响比重"选项

图 5-17 单击"立即生成"按钮

▶▶ 步骤5 执行操作后,即可根据所提供的参考图生成自定义的 AI 绘画作品,效果如图 5-18 所示。

专家提醒:在文心一格中输入关键词时,不用太考究英文字母的大小写格式,这个对输出结果没有影响,只要保证英文单词的准确性即可,同时关键词中间要用空格或逗号隔开。

图 5-18　根据参考图生成自定义的 AI 绘画作品

5.2.2　使用自定义模型再创作

文心一格支持"自定义模型"训练功能，用户可以根据自己的需求和数据，训练出符合自己要求的模型，实现更个性化、高效的创作方式。"自定义模型"训练功能包括以下两种模型。

（1）二次元人物形象：使用文心一格的"自定义模型"功能，只需简单几步即可定制属于自己的二次元人物形象，其流程如图 5-19 所示。

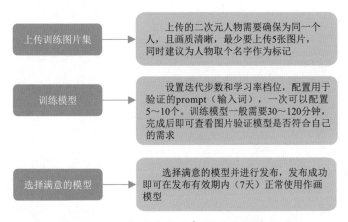

上传训练图片集	上传的二次元人物需要确保为同一个人，且画质清晰，最少要上传5张图片，同时建议为人物取个名字作为标记
训练模型	设置迭代步数和学习率档位，配置用于验证的prompt（输入词），一次可以配置5～10个。训练模型一般需要30～120分钟，完成后即可查看图片验证模型是否符合自己的需求
选择满意的模型	选择满意的模型并进行发布，发布成功即可在发布有效期内（7天）正常使用作画模型

图 5-19　二次元人物形象模型的训练流程

（2）二次元画风：让 AI 模型学习到训练集的画风，如画面布局、色调、笔触、风格等，其方法与二次元人物形象类似。

本章小结

本章主要向读者介绍了文心一格的基本使用方法和进阶玩法，包括运用关键词一键作画、选择不同的画面风格、设置图片比例和数量、以图生图制作二次元等内容。通过对本章的学习，希望读者能够更好地掌握使用文心一格创作 AI 画作的操作方法。

课后习题

鉴于本章知识的重要性，为了帮助读者更好地掌握所学知识，本章将通过课后习题，帮助读者进行简单的知识回顾和补充。

1. 使用文心一格绘制一幅"中国风"风格的 AI 画作。
2. 使用文心一格的"自定义模型"功能绘制二次元形象。

第 **6** 章

高手：Midjourney
高效绘制
画作

Midjourney 是一个通过人工智能技术进行绘画创作的工具，用户可以在其中输入文字、图片等提示内容，让 AI 机器人（即 AI 模型）自动创作出符合要求的绘画作品。本章主要介绍使用 Midjourney 进行 AI 绘画的基本操作方法，帮助大家掌握 AI 绘画的核心技巧。

6.1 基础：Midjourney 的基本技巧

使用 Midjourney 生成 AI 绘画作品非常简单，具体取决于用户使用的关键词。当然，如果用户要生成高质量的 AI 绘画作品，则需要大量地训练 AI 模型和深入了解艺术设计的相关知识。本节将介绍一些 Midjourney 的 AI 绘画技巧，帮助大家快速掌握生成 AI 绘画作品的基本操作方法。

6.1.1 基本绘画指令

在使用 Midjourney 进行 AI 绘画时，用户可以使用各种指令与 Discord 平台上的 Midjourney Bot（机器人）进行交互，从而告诉它你想要获得一张什么样的效果图片。Midjourney 的指令主要用于创建图像、更改默认设置及执行其他有用的任务。Midjourney 中的基本绘画指令见表 6-1。

表 6-1　Midjourney 中的基本绘画指令

指　　令	描　　述
/ask（问）	得到一个问题的答案
/blend（混合）	轻松地将两张图片混合在一起
/daily_theme（每日主题）	切换 #daily-theme 频道更新的通知
/docs（文档）	在 Midjourney Discord 官方服务器中使用可快速生成指向本用户指南中涵盖的主题链接
describe（描述）	根据用户上传的图像编写四个示例提示词
/faq（常问问题）	在 Midjourney Discord 官方服务器中使用，将快速生成一个链接，指向热门 prompt 技巧频道的常见问题解答
/fast（快速）	切换到快速模式
/help（帮助）	显示 Midjourney Bot 有关的基本信息和操作提示
imagine（想象）	使用关键词或提示词生成图像
/info（信息）	查看有关用户的账号及任何排队（或正在运行）的作业信息
/stealth（隐身）	专业计划订阅用户可以通过该指令切换到隐身模式
/public（公共）	专业计划订阅用户可以通过该指令切换到公共模式
/subscribe（订阅）	为用户的账号页面生成个人链接
/settings（设置）	查看和调整 Midjourney Bot 的设置
/prefer option（偏好选项）	创建或管理自定义选项
/prefer option list（偏好选项列表）	查看用户当前的自定义选项
/prefer suffix（喜欢后缀）	指定要添加到每个提示词末尾的后缀

指　　令	描　　述
/show（展示）	使用图像作业 ID（Identity Document，账号）在 Discord 中重新生成作业
/relax（放松）	切换到放松模式
/remix（混音）	切换到混音模式

6.1.2　以文生图

扫码看视频

Midjourney 主要使用 imagine 指令和关键词等文字内容来完成 AI 绘画操作，尽量输入英文关键词。注意，AI 模型对于英文单词的首字母大小写格式没有要求，但注意每个关键词中间要添加一个逗号（英文字体格式）或空格。下面介绍在 Midjourney 中以文生图的具体操作方法。

▶▶ 步骤1　在 Midjourney 下面的输入框内输入 /（正斜杠符号），在弹出的列表框中选择 imagine 指令，如图 6-1 所示。

图 6-1　选择 imagine 指令

▶▶ 步骤2　在 imagine 指令后方的输入框中输入关键词 "A little cat sleeping on the windowsill（一只在窗台上睡觉的小猫咪）"，如图 6-2 所示。

图 6-2　输入关键词

▶▶ 步骤3　按【Enter】键确认，即可看到 Midjourney Bot 已经开始工作了，并显示图片的生成进度，如图 6-3 所示。

步骤4 稍等片刻，Midjourney 将生成四张对应的图片，单击 V2 按钮，如图 6-4 所示。以所选的图片样式为模板重新生成四张图片。

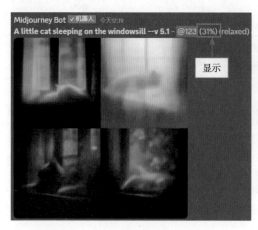

图 6-3 显示图片的生成进度　　　　　图 6-4 单击 V2 按钮

步骤5 执行操作后，Midjourney 将以第二张图片为模板，重新生成四张图片，如图 6-5 所示。

步骤6 如果用户对于重新生成的图片都不满意，可以单击🔄（重做）按钮，如图 6-6 所示。

图 6-5 重新生成四张图片　　　　　图 6-6 单击重做按钮

步骤7 执行操作后，Midjourney 会再次重新生成四张图片，单击 U2 按钮，如图 6-7 所示。

步骤8 执行操作后，Midjourney 将在第二张图片的基础上进行更加精细的刻画，并放大图片效果，如图 6-8 所示。

图 6-7　单击 U2 按钮

图 6-8　放大图片效果

专家提醒：Midjourney 生成的图片效果下方的 U 按钮表示放大选中图片的细节，可以生成单张的大图效果。如果用户对于四张图片中的某张图片感到满意，可以使用 U1-U4 按钮进行选择并生成大图效果，否则四张图片是拼在一起的。

▶▶步骤 9　单击 Make Variations（做出变更）按钮，将以该张图片为模板，重新生成四张图片，如图 6-9 所示。

▶▶步骤 10　单击 U4 按钮，放大第四张图片效果，如图 6-10 所示。

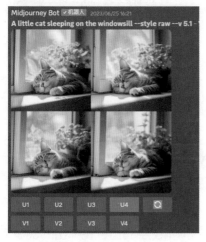

图 6-9　重新生成四张图片

图 6-10　放大第四张图片效果

6.1.3 以图生图

在 Midjourney 中，用户可以使用 describe 指令获取图片的提示，然后再根据提示内容和图片链接来生成类似的图片，这个过程就称为以图生图，也称为"垫图"。需要注意的是，提示就是关键词或指令的统称，网上大部分用户也将其称为"咒语"。下面介绍在 Midjourney 中以图生图的具体操作方法。

▶▶ 步骤1　在 Midjourney 下面的输入框中输入 /，在弹出的列表框中选择 describe 指令，如图 6-11 所示。

▶▶ 步骤2　执行操作后，单击上传█按钮，如图 6-12 所示。

图 6-11　选择 describe 指令

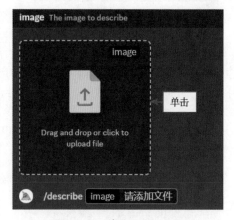

图 6-12　单击上传按钮

▶▶ 步骤3　执行操作后，弹出"打开"对话框，选择相应的图片，如图 6-13 所示。

▶▶ 步骤4　单击"打开"按钮将图片添加到 Midjourney 的输入框中，如图 6-14 所示，按两次【Enter】键确认。

▶▶ 步骤5　执行操作后，Midjourney 会根据用户上传的图片生成四段提示词，如图 6-15 所示。用户可以通过复制提示词或单击下面的 1 ～ 4 按钮，以该图片为模板生成新的图片效果。

▶▶ 步骤6　单击生成的图片，在弹出的预览图中右击，在弹出的快捷菜单中选择"复制图片地址"选项，如图 6-16 所示，复制图片链接。

图 6-13　选择相应的图片

图 6-14　添加到 Midjourney
的输入框中

图 6-15　生成四段提示词

图 6-16　选择"复制图片地址"选项

▶▶ 步骤 7　执行操作后，在图片下方单击 2 按钮，如图 6-17 所示。

▶▶ 步骤 8　弹出"Imagine This!（想象一下！）"对话框，在 PROMPT 文本框中的关键词前面粘贴复制的图片链接，如图 6-18 所示。注意，图片链接和关键词中间要添加一个空格。

▶▶ 步骤 9　单击"提交"按钮，即可以参考图为模板生成四张图片，如图 6-19 所示。

▶▶步骤 10 单击 U1 按钮，放大第一张图片，效果如图 6-20 所示。

图 6-17 单击 2 按钮

图 6-18 粘贴复制的图片链接

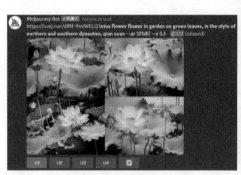

图 6-19 生成四张图片

图 6-20 放大第一张图片效果

6.1.4 混合生图

在 Midjourney 中，用户可以使用 blend 指令快速上传 2～5 张图片，然后查看每张图片的特征，并将它们混合并生成一张新的图片。下面介绍利用 Midjourney 进行混合生图的操作方法。

扫码看视频

▶▶步骤 1 在 Midjourney 下面的输入框中输入 /，在弹出的列表框中选择 blend 指令，如图 6-21 所示。

▶▶步骤 2 执行操作后，出现两个图片框，单击左侧的上传 按钮，如图 6-22 所示。

▶▶步骤 3 执行操作后，弹出"打开"对话框，选择相应的图片，如图 6-23 所示。

图 6-21　选择 blend 指令

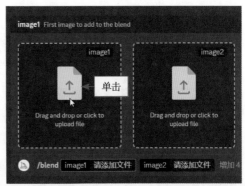

图 6-22　单击上传按钮

图 6-23　选择相应的图片

▶▶ 步骤4　单击"打开"按钮，将图片添加到左侧的图片框中，并用同样的操作方法在右侧的图片框中添加一张图片，如图 6-24 所示。

图 6-24　添加左右侧两张图片

▶▷ 步骤5 连续按两次【Enter】键，Midjourney 会自动完成图片的混合操作，并生成四张新的图片，这是没有添加任何关键词的效果，如图 6-25 所示。

▶▷ 步骤6 单击 U4 按钮，放大第四张图片效果，如图 6-26 所示。

图 6-25　生成四张新的图片

图 6-26　放大第四张图片效果

6.1.5 混音模式改图

使用 Midjourney 的混音模式（Remix mode）可以更改关键词、参数、模型版本或变体之间的纵横比，让 AI 绘画变得更加灵活、多变，下面介绍具体的操作方法。

扫码看视频

▶▷ 步骤1 在 Midjourney 下面的输入框中输入 /，在弹出的列表框中选择 settings 指令，如图 6-27 所示。

图 6-27　选择 settings 指令

▶▶ 步骤2 按【Enter】键确认，即可调出 Midjourney 的设置面板，如图 6-28 所示。

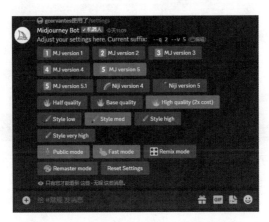

图 6-28　调出 Midjourney 的设置面板

> 专家提醒：为了帮助大家更好地理解设置面板，下面将其中的内容翻译成了中文，如图 6-29 所示。注意，直接翻译的英文不是很准确，具体用法需要用户多练习才能掌握。

▶▶ 步骤3 在设置面板中，单击 Remix mode 按钮，如图 6-30 所示，即可开启混音模式（按钮显示为绿色）。

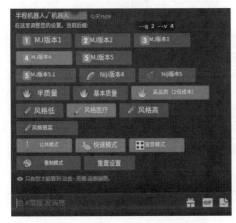

图 6-29　设置面板的中文翻译

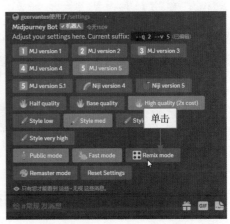

图 6-30　单击 Remix mode 按钮

▶▶ 步骤4 通过 imagine 指令输入相应的关键词，生成的图片效果如图 6-31 所示。

▶▶ 步骤5 单击 V4 按钮，弹出 "Remix Prompt（混音提示）" 对话框，如图 6-32 所示。

图 6-31　生成的图片效果　　　　　图 6-32　"Remix Prompt"对话框

▶▶ 步骤 6　适当修改其中的某个关键词，如将 white（白色）改为 brown（棕色），如图 6-33 所示。

▶▶ 步骤 7　单击"提交"按钮，即可重新生成相应的图片，将图中的白色小狗变成棕色小狗，效果如图 6-34 所示。

图 6-33　修改某个关键词　　　　　图 6-34　重新生成相应的图片效果

6.2　深入：Midjourney 的高级设置

Midjourney 具有强大的 AI 绘画功能，用户可以通过各种指令和关键词来改变 AI 绘画的效果，生成更优秀的 AI 绘画作品。本节将介绍一些 Midjourney 的高级绘画设置，让用户在生成 AI 绘画作品时更加得心应手。

6.2.1 version（版本）

version 指版本型号，Midjourney 会经常进行版本的更新，并结合用户的使用情况改进其算法。从 2022 年 4 月至 2023 年 6 月，Midjourney 已经发布了五个版本，其中 version 5.1 是目前最新且效果最好的版本。

Midjourney 目前支持 version 1、version 2、version 3、version 4、version 5、version 5.1 等版本，用户可以通过在关键词后面添加 --version（或 --v）1/2/3/4/5/5.1 来调用不同的版本，如果没有添加版本后缀参数，那么会默认使用最新的版本参数。

例如，在关键词的末尾添加 --v 4 指令，即可通过 version 4 版本生成相应的图片，效果如图 6-35 所示。可以看到，version 4 版本生成的图片画面真实感比较差。

图 6-35 通过 version 4 版本生成的图片效果

下面使用相同的关键词，并将末尾的 --v 4 指令改成 --v 5 指令，即可通过 version 5 版本生成相应的图片，效果如图 6-36 所示，画面真实感比较强。

图 6-36　通过 version 5 版本生成的图片效果

6.2.2　Niji（模型）

Niji 是 Midjourney 和 Spellbrush 合作推出的一款专门针对动漫和二次元风格的 AI 模型，可通过在关键词后添加 --niji 指令来调用。使用图 6-36 中相同的关键词，在 Niji 模型中生成的效果会比 v5 模型更偏向动漫风格，效果如图 6-37 所示。

图 6-37　通过 Niji 模型生成的图片效果

6.2.3　aspect rations（横纵比）

aspect rations（横纵比）指令用于更改生成图像的宽高比，通常表示为冒号分割两个数字，比如 7:4 或者 4:3。注意，冒号为英文字体格式，且数字必须为整数。Midjourney 的默认宽高比为 1:1，效果如图 6-38 所示。

图 6-38　默认宽高比效果

　　用户可以在关键词后面加 --aspect 指令或 --ar 指令指定图片的横纵比。例如，使用图 6-38 中相同的关键词，结尾处加上 --ar 3:4 指令，即可生成相应尺寸的竖图，效果如图 6-39 所示。需要注意的是，在图片生成或放大过程中，最终输出的尺寸效果可能会略有修改。

图 6-39　生成相应尺寸的图片

6.2.4　chaos（混乱）

　　在 Midjourney 中使用 --chaos（简写为 --c）指令，可以影响图片生成结果的变化程度，能够激发 AI 模型的创造能力，值（范围为 0 ~ 100，默认值为 0）越大 AI 模型就会有更多自己的想法。

在 Midjourney 中输入相同的关键词，较低的 --chaos 值具有更可靠的结果，生成的图片效果在风格、构图上比较相似，效果如图 6-40 所示；较高的 --chaos 值将产生更多不寻常和意想不到的结果和组合，生成的图片效果在风格、构图上的差异较大，效果如图 6-41 所示。

图 6-40　较低的 --chaos 值生成的图片效果

图 6-41　较高的 --chaos 值生成的图片效果

6.2.5　no（否定提示）

在关键词的末尾处加上 --no ×× 指令，可以让画面中不出现 ×× 内容。例如，在关键词后面添加 --no plants 指令，表示生成的图片中不出现植物，效果如图 6-42 所示。

图 6-42　添加 --no plants 指令生成的图片效果

专家提醒：用户可以使用 imagine 指令与 Discord 上的 Midjourney Bot 互动，该指令用于从简短文本说明（即关键词）生成唯一的图片。Midjourney Bot 最适合使用简短的句子来描述你想要看到的内容，避免过长的关键词。

6.2.6　quality（生成质量）

在关键词后面加 --quality（简写为 --q）指令，可以改变图片生成的质量，不过高质量的图片需要更长的时间来处理细节。更高的质量意味着每次生成耗费的 GPU（Graphics Processing Unit，图形处理器）分钟数也会增加。

例如，通过 imagine 指令输入相应关键词，并在关键词的结尾处加上 --quality .25 指令，即可以最快的速度生成最不详细的图片效果，可以看到花朵的细节变得非常模糊，如图 6-43 所示。

图 6-43　最不详细的图片效果

通过 imagine 指令输入相同的关键词，并在关键词的结尾处加上 --quality.5 指令，即可生成不太详细的图片效果，如图 6-44 所示，与不使用 --quality 指令时的结果所呈现的图片效果差不多。

图 6-44　不太详细的图片效果

继续通过 imagine 指令输入相同的关键词，并在关键词的结尾处加上 --quality 1 指令，即可生成有更多细节的图片效果，如图 6-45 所示。

图 6-45　有更多细节的图片效果

专家提醒：需要注意的是，更高的 --quality 值并不总是更好，有时较低的 --quality 值可以产生更好的结果，这取决于用户对作品的期望。例如，较低的 --quality 值比较适合绘制抽象主义风格的画作。

6.2.7 seeds（种子值）

在使用 Midjourney 生成图片时，会有一个从模糊的"噪点"逐渐变得具体清晰的过程，而这个"噪点"的起点就是"种子"，即 seed，Midjourney 依靠它来创建一个"视觉噪音场"，作为生成初始图片的起点。

种子值是 Midjourney 为每张图片随机生成的，但可以使用 --seed 指令指定。在 Midjourney 中使用相同的种子值和关键词，将产生相同的出图结果，利用这点我们可以生成连贯一致的人物形象或者场景。

下面介绍获取种子值的操作方法。

▶▶ 步骤 1　在 Midjourney 中生成相应的图片后，在该消息上方单击"添加反应"图标 ，如图 6-46 所示。

▶▶ 步骤 2　执行操作后，弹出一个"反应"对话框，如图 6-47 所示。

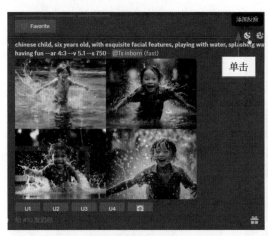

图 6-46　单击"添加反应"图标　　　　图 6-47　"反应"对话框

▶▶ 步骤 3　在"探索最适用的表情符号"文本框中输入 envelope（信封），并单击搜索结果中的信封图标 ，如图 6-48 所示。

▶▶ 步骤 4　执行操作后，Midjourney Bot 将会给我们发送一个消息，单击 Midjourney Bot 图标 ，如图 6-49 所示。

▶▶ 步骤 5　执行操作后，即可看到 Midjourney Bot 发送的 Job ID（作业 ID）和图片的种子值，如图 6-50 所示。

▶▶ 步骤 6　此时可以对关键词进行适当修改，并在结尾处加上 --seed

指令，指令后面输入图片的种子值，然后再生成新的图片，效果如图 6-51 所示。

图 6-48　单击信封图标

图 6-49　单击 Midjourney Bot 图标

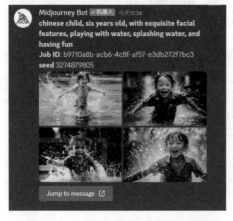

图 6-50　MidjourneyBot 发送的种子值

图 6-51　生成新的图片效果

6.2.8　stylize（风格化）

在 Midjourney 中使用 stylize 指令，可以让生成的图片更具艺术性的风格。较低的 stylize 值生成的图片与关键词密切相关，但艺术性较差，效果如图 6-52 所示。

较高的 stylize 值生成的图片非常有艺术性，但与关键词的关联性也较低，AI 模型会有更多的自由发挥空间，效果如图 6-53 所示。

图 6-52　较低的 stylize 值生成的图片效果

图 6-53　较高的 stylize 值生成的图片效果

6.2.9　stop（停止）

在 Midjourney 中使用 stop 指令，可以停止正在进行的 AI 绘画作业，然后直接出图。如果用户没有使用 stop 指令，则默认的生成步数为 100，得到的图片结果是非常清晰、翔实的，效果如图 6-54 所示。

以此类推，生成的步数越少，使用 stop 指令停止渲染的时间就越早，生成的图像也就越模糊。图 6-55 所示为使用 --stop 50 指令生成的图片效果，50代表步数。

图 6-54　没有使用 stop 指令生成的图片效果

图 6-55　使用 stop 指令生成的图片效果

6.2.10　tile（重复磁贴）

在 Midjourney 中使用 tile 指令生成的图片可以用作重复磁贴，可以生成一些重复、无缝的图案元素，如瓷砖、织物、壁纸和纹理等，效果如图 6-56 所示。

图 6-56　使用 tile 指令生成的重复磁贴图片效果

6.2.11 iw（图像权重）

在 Midjourney 中以图生图时，使用 iw 指令可以提升图像权重，即调整提示的图像（参考图）与文本部分（提示词）的重要性。

当用户使用的 iw 值（.5～2）越大，表明你上传的图片对输出的结果影响越大。注意，Midjourney 中指令的参数值如果为小数（整数部分是 0）时，只需加小数点即可，前面的 0 不用写。下面介绍 iw 指令的使用方法。

▶▶ 步骤 1 在 Midjourney 中使用 describe 指令上传一张参考图，并生成相应的提示词，如图 6-57 所示。

▶▶ 步骤 2 单击生成的图片，在弹出的预览图中右击，在弹出的快捷菜单中选择"复制图片地址"选项，如图 6-58 所示，复制图片链接。

图 6-57 生成相应的提示词　　　　图 6-58 选择"复制图片地址"选项

▶▶ 步骤 3 调用 imagine 指令，将复制的图片链接和第三个提示词输入到 prompt 输入框中，并在后面输入 --iw 2 指令，如图 6-59 所示。

图 6-59 输入相应的图片链接、提示词和指令

▶▷ 步骤 4 按【Enter】键确认，即可生成与参考图的风格极其相似的图片效果，如图 6-60 所示。

▶▷ 步骤 5 单击 U3 按钮，生成第三张图的大图效果，如图 6-61 所示。

图 6-60　生成与参考图相似的图片效果　　图 6-61　生成第三张图的大图效果

6.2.12　repeat（重复）

扫码看视频

在 Midjourney 中使用 --repeat（重复）指令，可以批量生成多组图片，大幅增加出图速度，下面介绍具体的操作方法。

▶▷ 步骤 1 通过 /imagine 指令输入相应的关键词，并在关键词的后面输入 --repeat 2 指令，如图 6-62 所示。

图 6-62　输入相应的关键词和指令

▶▷ 步骤 2 按【Enter】键确认，Midjourney Bot 出现相应的提示信息，单击 YES 按钮，Midjourney 将同时生成两组图片，如图 6-63 所示。

图 6-63　同时生成两组图片

扫码看视频

6.2.13　prefer option set（首选项设置）

在通过 Midjourney 进行 AI 绘画时，可以使用 prefer option set 指令，将一些常用的关键词保存在一个标签中，这样每次绘画时就不用重复输入一些相同的关键词。下面介绍使用 prefer option set 指令绘画的操作方法。

▶▶ 步骤1　在 Midjourney 下面的输入框中输入 /，在弹出的列表框中选择 prefer option set 指令，如图 6-64 所示。

▶▶ 步骤2　执行操作后，在 option（选项）文本框中输入相应名称，如 AIZP1，如图 6-65 所示。

▶▶ 步骤3　执行操作后，单击"增加 1"按钮，在上方的"选项"列表框中选择 value（参数值）选项，如图 6-66 所示。

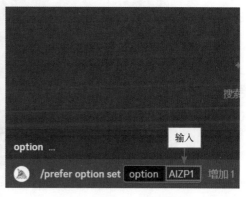

图 6-64　选择 prefer option set 指令　　　　图 6-65　输入相应名称

图 6-66　选择 value 选项

▶▷ 步骤4　执行操作后，在 value 输入框中输入相应的关键词，如图 6-67 所示。这里的关键词就是我们所要添加的一些固定的指令。

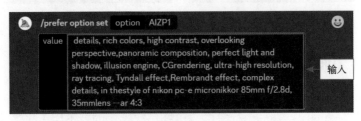

图 6-67　输入相应的关键词

▶▷ 步骤5　按【Enter】键确认，即可将上述关键词存储到 Midjourney 的服务器中，如图 6-68 所示，从而给这些关键词打上一个统一的标签，标签名称就是 AIZP1。

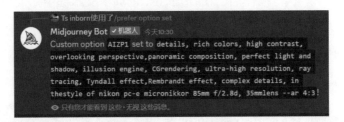

图 6-68　存储关键词

▶▷ 步骤6　在 Midjourney 中通过 imagine 指令输入相应的关键词，主要用于描述主体，如图 6-69 所示。

图 6-69　输入描述主体的关键词

▶▷ 步骤7　在关键词的后面添加一个空格，并输入—AIZP1 指令，即调用 AIZP1 标签，如图 6-70 所示。

图 6-70 输入—AIZP1 指令

▶▶ 步骤8 按【Enter】键确认，即可生成相应的图片，效果如图 6-71 所示。可以看到，Midjourney 在绘画时会自动添加 AIZP1 标签中的关键词。

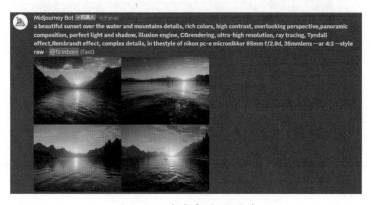

图 6-71 生成相应的图片

▶▶ 步骤9 单击 U3 按钮，放大第三张图片，效果如图 6-72 所示。

图 6-72 放大第三张图片效果

图 6-73 所示为第三张图的大图效果，这个画面展示了美丽的日落场景，并使用高对比度和丰富的色彩让画面更加生动，增强了观众的感官体验。

图 6-73　第三张图的大图效果

本章小结

本章主要向读者介绍了 Midjourney 的 AI 绘画从基础到高级的操作技巧，如以文生图、以图生图、混合生图、混音模式改图等操作方法，以及 version、Niji、aspect rations、chaos、no、quality、seeds、stylize、stop、tile、iw、repeat、prefer option set 等 AI 绘画指令的用法。通过对本章的学习，希望读者能够更好地掌握用 Midjourney 生成 AI 摄影作品的操作方法。

课后习题

鉴于本章知识的重要性，为了帮助读者更好地掌握所学知识，本章将通过课后习题，帮助读者进行简单的知识回顾和补充。

1. 使用 Midjourney 的 version 5.1 版本生成一张图片。
2. 使用 Midjourney 生成一张宽高比为 2∶3 的图片。

第**7**章

运用：用剪映
生成 AI 视频

在学会生成文案及以文生图后，还可以利用生成的 AI 图片制作成 AI 视频，剪映 App 就提供了关于生成 AI 视频的功能，可以帮助用户又快又好地制作出想要的视频效果。本章主要介绍从文案生成、AI 图片生成到运用剪映 App 的相关功能将图片制作成视频的全过程。

7.1 剪映：用"图文成片"生成 AI 视频

本节通过制作一个以宠物是人类的好朋友为主题的短视频案例进行讲解，介绍了 AI 从文案到图片再到运用剪映 App 的"图文成片"功能生成视频的制作方法，希望读者熟练掌握本节内容。

7.1.1 视频效果展示

【效果展示】在剪映 App 中，当读者使用"图文成片"功能生成视频时，可以选择视频的生成方式，比如使用本地素材进行生成，这样就能获得特别的视频效果，本节主要向读者介绍通过 ChatGPT、Midjourney 和剪映快速生成一段宠物与人物互动的短视频的方法，本实例效果如图 7-1 所示。

图 7-1　AI 短视频

扫码看视频

7.1.2 用 ChatGPT 生成文案

在制作视频前，需要向 ChatGPT 描述画面主体，告诉 AI 我们需要画一个什么样的东西，要把画面的主体内容讲清楚。这里我们要创作几张宠物与人类亲密相处的图片，可以先让 ChatGPT 帮我们生成关键词，然后再通过 Midjourney 进行绘画，具体操作方法如下。

▶▶ 步骤 1　在 ChatGPT 中输入关键词"你是一个 AI 画师，请帮我简单写 5 个描述人类与宠物玩耍的具体画面的关键词，20 字左右"，ChatGPT 的回答如图 7-2 所示。

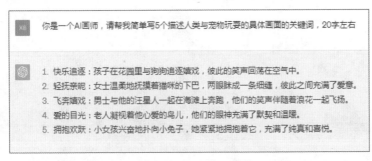

图 7-2　使用 ChatGPT 生成关键词

▶▷ 步骤 2 　在 ChatGPT 中继续输入"全部翻译成英文"，ChatGPT 会将句子全部翻译成英文结果，如图 7-3 所示。

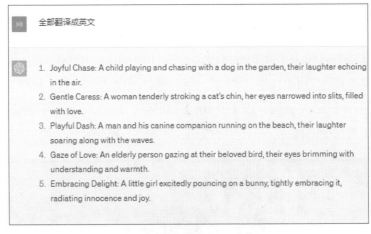

图 7-3　将关键词翻译为英文

7.1.3　用 Midjourney 绘制图片

当在 ChatGPT 中生成相应的文案关键词以后，接下来可以在 Midjourney 中绘制出需要的图片效果，下面介绍具体的操作方法。

▶▷ 步骤 1 　在 Midjourney 中通过 /imagine 指令输入 ChatGPT 所提供的第一段关键词"A child playing and chasing with a dog in the garden, their laughter echoing in the air（孩子在花园里与狗狗追逐嬉戏，彼此的笑声回荡在空气中）"，按【Enter】键确认，Midjourney 将生成四张对应的小狗

扫码看视频

125

与孩子互动的图片，单击 U2 按钮，如图 7-4 所示，放大第二幅图片效果。

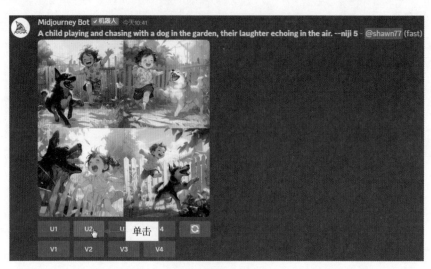

图 7-4　单击 U2 按钮

▶▶ 步骤 2　复制 ChatGPT 所提供的第二段关键词 "A woman tenderly stroking a cat's chin, her eyes narrowed into slits, filled with love（女士温柔地抚摸着猫咪的下巴，两眼眯成一条细缝，彼此之间充满了爱意）"，通过 /imagine 指令粘贴关键词，按【Enter】键确认，Midjourney 将生成四张对应的猫咪与女人对视的图片，单击 U2 按钮，如图 7-5 所示，放大第二幅图片效果。

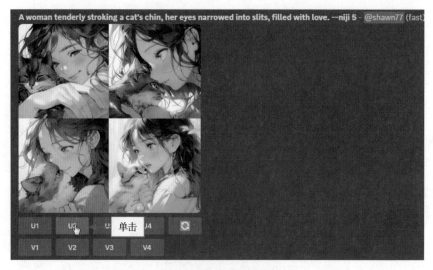

图 7-5　单击 U2 按钮

▶▶ 步骤 3　复制 ChatGPT 所提供的第三段关键词 "A man and his canine

companion running on the beach, their laughter soaring along with the waves(男士与他的汪星人一起在海滩上奔跑,他们的笑声伴随着浪花一起飞扬)" 通过 /imagine 指令粘贴关键词,按【Enter】键确认,Midjourney 将生成四张对应的狗狗与男人奔跑的图片,单击 U2 按钮,如图 7-6 所示,放大第二幅图片效果。

图 7-6　单击 U2 按钮

▶▶ 步骤4　用与上相同的操作方法,使用 Midjourney 生成四张对应的老人与鸟儿对视的图片,单击 U2 按钮,如图 7-7 所示,放大第二幅图片效果。

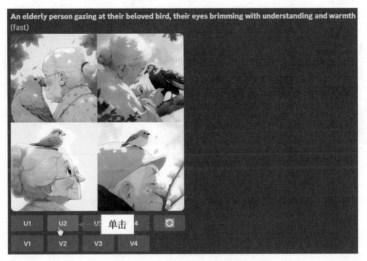

图 7-7　单击 U2 按钮

▶▶ 步骤5　用与上相同的操作方法,使用 Midjourney 生成四张对应的小女孩扑向兔子的图片,单击 U2 按钮,如图 7-8 所示,放大第二幅图片效果。

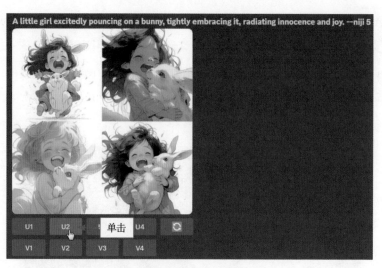

图 7-8　单击 U2 按钮

▶▶ 步骤 6　在放大后的照片缩略图上单击，弹出照片窗口，单击下方的"在浏览器中打开"文字链接，打开浏览器，预览生成的大图效果，如图 7-9 所示。依次在图片上右击，在弹出的快捷菜单中选择"图片另存为"选项，将图片存于计算机中，方便后面制作视频时作为素材使用。

图 7-9　预览生成的大图效果

扫码看视频

7.1.4　用图文成片功能生成自己的视频

下面介绍在剪映 App 中用"图文成片"功能生成自己的视频的具体操作方法。

▶▶ 步骤 1　打开剪映 App，在首页点击"图文成片"按钮，如图 7-10 所示。

▶▶ 步骤 2　执行操作后，进入"图文成片"界面，输入视频文案，在"请选择视频生成方式"选项区中选择"使用本地素材"选项，如图 7-11 所示。

图 7-10　点击"图文成片"按钮　　图 7-11　选择"使用本地素材"选项

▶▶ 步骤 3　点击"生成视频"按钮，开始生成视频，生成结束后进入预览界面，此时的视频只是一个框架，用户需要将自己的图片素材填充进去，点击视频轨道中的第一个"添加素材"按钮，进入相应界面，在"最近项目"|"照片"选项卡中选择相应的图片，即可完成素材的填充，效果如图 7-12 所示。用同样的方法填充其他素材。

▶▶ 步骤 4　点击✕按钮，退出界面，在工具栏中点击"比例"按钮，如图 7-13 所示。

图 7-12　素材填充效果　　　　图 7-13　点击"比例"按钮

▶▶ 步骤 5　弹出"比例"面板，选择 9：16 选项，如图 7-14 所示，更改视频的比例。

▶▷ 步骤6 由于"图文成片"功能生成的视频带有随机性，因此，用户可以通过进一步的剪辑来优化视频效果，点击界面右上角的"导入剪辑"按钮，进入剪辑界面，拖动时间轴至相应位置，选择第三段朗读音频，在工具栏中点击"分割"按钮，如图 7-15 所示，即可将其分割成两段。

图 7-14　选择 9∶16 选项　　　　图 7-15　点击"分割"按钮（1）

▶▷ 步骤7 在相同的位置选择第三段素材，在工具栏中点击"分割"按钮，如图 7-16 所示，将其分割成两段。

▶▷ 步骤8 由于分割后的素材画面是一样的，因此，用户可以对重复的素材进行替换，选择第三段素材，在工具栏中点击"替换"按钮，如图 7-17 所示。

图 7-16　点击"分割"按钮（2）　　　图 7-17　点击"替换"按钮

▶▶ 步骤 9　进入"最近项目"界面，选择相应的图片，即可进行替换，效果如图 7-18 所示。

▶▶ 步骤 10　返回到主界面，在工具栏中点击"背景"按钮，如图 7-19 所示。

图 7-18　素材替换的效果

图 7-19　点击"背景"按钮

▶▶ 步骤 11　进入背景工具栏，点击"画布模糊"按钮，如图 7-20 所示。

▶▶ 步骤 12　弹出"画布模糊"面板，选择第二个模糊效果，点击"全局应用"按钮，如图 7-21 所示，即可为整个视频添加画布模糊效果。

图 7-20　点击"画布模糊"按钮

图 7-21　点击"全局应用"按钮

▶▶步骤 13 选择第三段文本，在第四段素材的起始位置对其进行分割，选择分割出的前半段文本，在工具栏中点击"编辑"按钮，进入文字编辑面板，修改文本内容，如图 7-22 所示。

▶▶步骤 14 用与上相同的方法，在适当位置对文本进行分割，并调整文本的内容，点击界面右上角的"导出"按钮，如图 7-23 所示，即可将视频导出。

图 7-22　修改文本内容

图 7-23　点击"导出"按钮

专家提醒：即便是同样的文本内容，使用"图文成片"功能生成的视频也可能不一样，因此，用户需要根据视频的实际情况选择性地进行调整和剪辑。

7.2　其他：用剪映制作视频的多种方式

除了运用"图文成片"功能可以快速生成视频之外，用户还可以运用"一键成片"功能，让用户为图片素材快速套用模板，从而生成美观的视频效果，另外还可以利用"图片玩法"功能，为自己的照片添加 AI 特效。本节将重点介绍这两种功能。

7.2.1　一键成片：套用模板做视频

扫码看视频

【效果展示】在使用"一键成片"功能生成视频时，用户只需选择要生成视频的图片素材，再选择一个喜欢的模板即可，效果如图 7-24 所示。

图 7-24　效果展示

　　下面介绍在剪映 App 中运用"一键成片"功能快速套用模板的具体操作方法。

　　▶▶ 步骤1　在首页点击"一键成片"按钮，如图 7-25 所示。

　　▶▶ 步骤2　执行操作后，进入"最近项目"界面，选择四张图片素材，点击"下一步"按钮，如图 7-26 所示，即可开始生成视频。

图 7-25　点击"一键成片"按钮　　　　图 7-26　点击"下一步"按钮

　　▶▶ 步骤3　稍等片刻后，进入"选择模板"界面，系统自动选择并播放套用第一个模板的效果，用户可以更改模板，例如，在"推荐"选项卡中选择自己喜欢的模板，即可更改套用的模板并播放视频效果，如图 7-27 所示。

▶▷ 步骤 4　点击右上角的"导出"按钮，在弹出的"导出设置"面板中点击"无水印保存并分享"按钮，如图 7-28 所示，即可将生成的视频导出。

图 7-27　播放视频效果　　　　图 7-28　点击"无水印保存并分享"按钮

7.2.2　图片玩法：制作变身视频

【效果展示】剪映 App 的"图片玩法"功能可以为图片添加不同的趣味玩法，例如，将真人变成漫画人物，效果如图 7-29 所示。

扫码看视频

图 7-29　效果展示

下面介绍在剪映 App 中添加图片玩法制作变身视频的具体操作方法。

▶▷ 步骤1   在剪映中导入一张图片素材，选择素材，在工具栏中连续两次点击"复制"按钮，如图 7-30 所示，将图片素材复制两份。

▶▷ 步骤2   拖动时间轴至视频起始位置，依次点击"音频"按钮和"音乐"按钮，在"音乐"界面中选择"国风"选项，如图 7-31 所示。

图 7-30   点击"复制"按钮   图 7-31   选择"国风"选项

▶▷ 步骤3   进入"国风"界面，点击相应音乐右侧的"使用"按钮，如图 7-32 所示，将音乐添加到音频轨道中。

▶▷ 步骤4   在相应的位置对音频进行分割，选择分割出的前半段素材，点击"删除"按钮，如图 7-33 所示，将音频前面空白的部分删除并调整音频的位置。

▶▷ 步骤5   调整三段素材的时长，使第一至第三段的素材时长分别为1.6s、1.8s 和 3.0s，并根据视频的时长调整音频的时长，如图 7-34 所示。

▶▷ 步骤6   点击第一段和第二段素材中间的丨按钮，弹出"转场"面板，在"光效"选项卡中选择"炫光"转场效果，点击"全局应用"按钮，如图 7-35 所示，将转场效果应用到所有素材之中。

图 7-32　点击"使用"按钮

图 7-33　点击"删除"按钮

图 7-34　调整音频的时长

图 7-35　点击"全局应用"按钮

▶▷ 步骤 7　拖动时间轴至视频起始位置，返回主界面，依次点击"特效"按钮和"画面特效"按钮，在"基础"选项卡中选择"变清晰"特效，如图 7-36 所示，为第一段素材添加特效。

▶▷ 步骤 8　拖动时间轴至第二段素材的位置，在特效工具栏中点击"图片玩法"按钮，如图 7-37 所示。

▶▷ 步骤 9　弹出"图片玩法"面板，在"AI 绘画"选项卡中选择"春节"

玩法，如图 7-38 所示，即可为第二段素材添加相应的玩法，让图片中的人物变身成别的样子。

图 7-36　选择"变清晰"特效

图 7-37　点击"图片玩法"按钮

　　▶▶步骤10 用与上相同的方法，为第三段素材添加"AI 绘画"选项卡中的"日系"玩法，如图 7-39 所示，让图片中的人物变成日系漫画中的元气少女，即可完成变身视频的制作。

图 7-38　选择"春节"玩法

图 7-39　添加"日系"玩法

本章小结

本章向读者介绍了使用剪映生成 AI 视频的操作过程，包括从生成文案、以文生图到利用剪映手机版的"图文成片"功能生成 AI 视频的过程，另外还介绍了"一键成片"和"图片玩法"功能生成 AI 视频的方法。通过对本章的学习，希望读者能够对生成 AI 视频更加熟练。

课后习题

鉴于本章知识的重要性，为了帮助读者更好地掌握所学知识，本章将通过课后习题，帮助读者进行简单的知识回顾和补充。

1. 使用"图文成片"功能生成一段以"母亲节"为主题的 AI 视频。
2. 尝试使用"图片玩法"功能为真实人物制作变身视频。

专题案例篇

第 **8** 章

案例：二次元动漫风格作品绘制

二次元（2D），用来描述平面或图像上的虚构世界，许多动漫、漫画和游戏以二次元风格为主题。二次元文化还衍生出了许多二次元偶像、二次元音乐和二次元社交活动，吸引了大批粉丝和爱好者。

8.1　文本：ChatGPT 生成动漫风格文案

二次元动漫风格是指在动漫中广泛采用的艺术风格，其特点是角色形象具有夸张的表情和动作，背景细节丰富，色彩鲜艳，线条清晰而有力。这种风格常常表现出丰富的情感和想象力，带有一定的幻想和超现实的元素。

有一位动画作品十分受欢迎的漫画家，新海诚，他的作品风格独特，擅长以感性的叙述方式，描绘了许多极具现实感的故事情节。这使得他的作品在观众中产生了广泛的共鸣，并赢得了许多粉丝的喜爱。本节以新海诚的作品为例，通过使用 ChatGPT 来描述二次元动漫风格的 AI 绘画作品。

扫码看视频

8.1.1　关键词文案

新海诚的作品更加注重小情节的细节处理，每一个情节都是为了凸显人物情感和人性而设定，用情感去包含人物生活的各种状态和变化，营造出一种很温暖的氛围。下面以 ChatGPT 为例，介绍生成新海诚风格关键词文案的操作方法。

▶▶ 步骤 1　在 ChatGPT 中输入"你知道新海诚吗"，ChatGPT 的回答如图 8-1 所示。

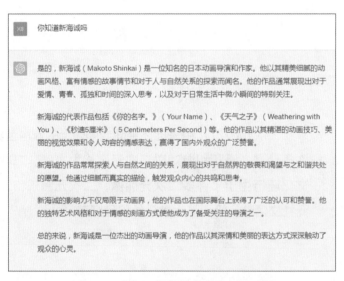

图 8-1　"你知道新海诚吗"的回答

▶▶ 步骤 2　接着在 ChatGPT 中继续输入"请模仿新海诚的风格，写一篇校园故事的文章，要求 200 字左右"，ChatGPT 的回答如图 8-2 所示。

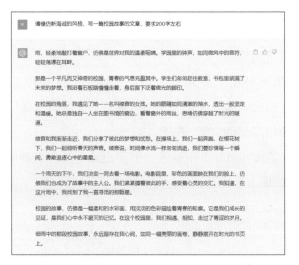

图 8-2　根据新海诚的风格生成的文章

▶▶ 步骤3　用户可以从生成的文章中提取关键词，在 ChatGPT 中输入"请根据以上的内容，提取出 10 个关键词出来"，ChatGPT 的回答如图 8-3 所示。

> 请根据以上的内容，提取出10个关键词出来
>
> 1. 雨
> 2. 校园
> 3. 绫音
> 4. 梦想
> 5. 时光
> 6. 青春
> 7. 星星
> 8. 彩色
> 9. 回忆
> 10. 水彩画

图 8-3　提取关键词

▶▶ 步骤4　将这些关键词使用百度翻译转换成英文，如图 8-4 所示。

图 8-4　将中文关键词转换成英文

8.1.2　描述性文案

描述性文案通常依赖于有吸引力和生动的语言，利用修辞手法、故事叙述和

扫码看视频

情感诱导等技巧，以引起读者的共鸣和情感共振。文案的结构应清晰简洁，以便读者能够快速获得所需信息。

描述性文案是一种用于传达事件特点和优势的文字形式。生成关键词文案后，我们还可以根据新海诚风格文章生成描述性文案。下面以 ChatGPT 为例，介绍生成新海诚风格描述性文案的操作方法。

▶▶ 步骤 1 在 ChatGPT 中输入"请列出 5 个新海诚漫画风格的题材"，ChatGPT 的回答如图 8-5 所示。

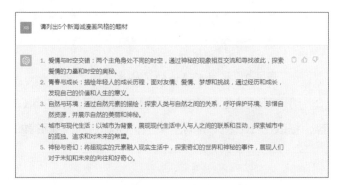

图 8-5 列出 5 个新海诚漫画风格的题材

▶▶ 步骤 2 选择其中一个主题，用 ChatGPT 以关键词的形式描述一个 50 字的画面场景，ChatGPT 的回答如图 8-6 所示。

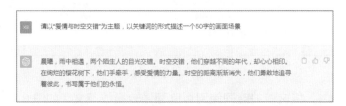

图 8-6 描述 50 字的画面场景

▶▶ 步骤 3 将 ChatGPT 生成的关键词通过百度翻译转换为英文，如图 8-7 所示。

图 8-7 将生成的中文关键词翻译为英文

8.2 绘图：Midjourney 生成漫画

漫画是一种艺术形式，是指以动漫和漫画为代表的虚构世界，其中的人物、场景和情节都具有强烈的艺术化表现形式，也被称为二次元文化。一般运用变形、比拟、象征、暗示及影射的方法，构建出幽默诙谐的画面或画面组。本节将使用 Midjourney 生成新海诚风格的漫画。

8.2.1 复制并粘贴文案

将 ChatGPT 生成的关键词转换为英文后，根据需要选择部分文案复制并粘贴到 Midjourney 当中，然后通过 Midjourney 生成图片效果，具体的操作方法如下。

▶▶ 步骤1 在 Midjourney 下面的输入框中输入 /，在弹出的列表框中选择 /imagine 指令，如图 8-8 所示。

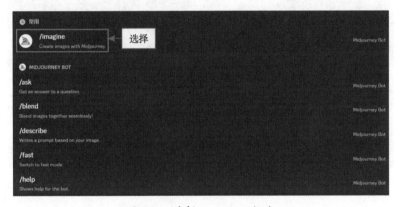

图 8-8 选择 /imagine 指令

▶▶ 步骤2 将 ChatGPT 转换成英文的关键词进行复制，在其中可以增删一些细节的关键词，然后粘贴到 /imagine 指令的后面，如图 8-9 所示。

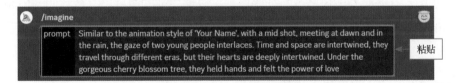

图 8-9 复制并粘贴关键词

8.2.2 等待生成漫画

把 ChatGPT 转换成英文的关键词复制并粘贴到 /imagine 指令的后方，可

扫码看视频

扫码看视频

143

以添加改变画面尺寸的命令参数，具体的操作方法如下。

▶▶ 步骤 1　在关键词的后方输入命令参数 --ar 4∶3，如图 8-10 所示，改变图片的尺寸。

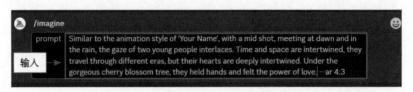

图 8-10　添加命令参数 --ar 4∶3

▶▶ 步骤 2　按【Enter】键确认，即可生成新海诚风格图片，如图 8-11 所示。

图 8-11　生成新海诚风格图片

扫码看视频

8.2.3　优化漫画

生成图片后，用户可以在原有的图片上进行修改优化，让 Midjourney 更高效的出图，补齐必要的风格或特征等信息，以便生成的图片更符合我们的预期，具体的操作方法如下。

▶▶ 步骤 1　在生成的四张图片当中，选择其中最合适的一张，这里选择第四张，单击 U4 按钮，如图 8-12 所示。

▶▶ 步骤 2　执行操作后，Midjourney 将在第四张图片的基础上进行更加精细的刻画，并放大图片效果，如图 8-13 所示。

Midjourney Bot ✓机器人 2023/06/28 11:03
Similar to the animation style of 'Your Name', with a mid shot, meeting at dawn and in the rain, the gaze of two young people interlaces. Time and space are intertwined, they travel through different eras, but their hearts are deeply intertwined. Under the gorgeous cherry blossom tree, they held hands and felt the power of love --ar 4:3 - @123 (fast)

单击

图 8-12　单击 U4 按钮

图 8-13　放大图片效果（1）

从画面中可以看到，男女角色的形象还不够有特点，这时候用户可以添加特定的关键词对图片进行修改优化，以便生成的图片更符合我们的预期。

▶▶ 步骤3　如果用户对图片不够满意，可以继续优化图片。将图片用浏览器打开，如图 8-14 所示，然后复制浏览器链接。

▶▶ 步骤4　将链接粘贴到 /imagine 指令后面，并输入关键词"Makoto Shinkai male and female（新海诚男人和女人）"，如图 8-15 所示，加强画面中男女角色的形象。

▶▶ 步骤5　执行操作后，按【Enter】键确认，即可根据关键词重新生成图片，如图 8-16 所示。

图 8-14　将图片用浏览器打开

图 8-15　添加关键词 Makoto Shinkai male and female

图 8-16　根据关键词重新生成图片

▶▶ 步骤 6　单击 V3 按钮，Midjourney 将以第三张图片为模板，重新生成四张图片，如图 8-17 所示。

▶▶ 步骤 7　单击 U1 按钮，Midjourney 将在第一张图片的基础上进行更加精细的刻画，并放大图片效果，如图 8-18 所示。

图 8-17　重新生成四张图片

图 8-18　放大图片效果（2）

8.3　进阶：剧情文案生成连续性漫画

　　用户可以使用 AI 生成的剧情文案绘制新海诚风格的连续性漫画。在开始 AI 绘图前，首先要构思整个故事的情节，根据故事的情节来绘制漫画场景和漫画人物，然后将二者相结合，使其更好地传达目的和吸引观众的注意力。本节将以 ChatGPT 和 Midjourney 为例，介绍生成新海诚风格连续性漫画的基本流程。

8.3.1　生成剧情式文案

　　新海诚的剧情常常围绕着青春、爱情、成长和人际关系展开，同时也融入了一些奇幻的元素。通过细腻的情感描写和精美的视觉效果，给观众带来不一样的体验。下面以 ChatGPT 为例，介绍生成新海诚风格剧情式文案的操作方法

扫码看视频

　　▶▶ 步骤 1　在 ChatGPT 中输入"请模仿新海诚的风格，描绘一段男女主相遇的画面，要求 70 字左右"，ChatGPT 的回答如图 8-19 所示。

图 8-19　用 ChatGPT 生成新海诚风格的剧情

▶▶ 步骤2 在 ChatGPT 中输入"请根据上面的内容，接着写后面发生的故事画面，要求 70 字左右"，ChatGPT 的回答如图 8-20 所示。

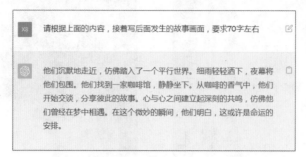

图 8-20　根据内容生成后续的内容

▶▶ 步骤3 在 ChatGPT 中输入"请根据上面的内容，写一段男女主发生矛盾的故事画面，要求 70 字左右"，ChatGPT 的回答如图 8-21 所示。

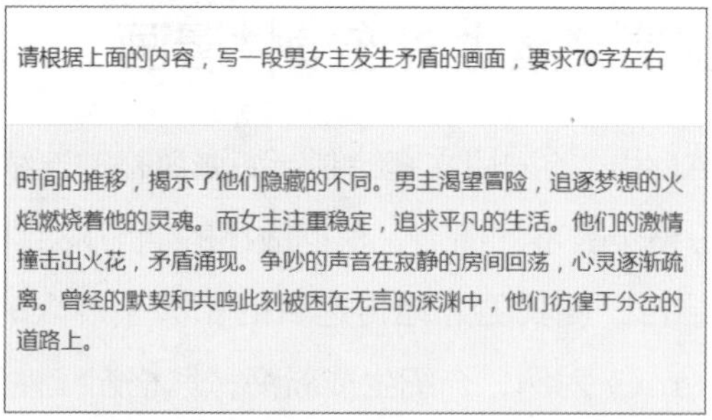

请根据上面的内容，写一段男女主发生矛盾的画面，要求70字左右

时间的推移，揭示了他们隐藏的不同。男主渴望冒险，追逐梦想的火焰燃烧着他的灵魂。而女主注重稳定，追求平凡的生活。他们的激情撞击出火花，矛盾涌现。争吵的声音在寂静的房间回荡，心灵逐渐疏离。曾经的默契和共鸣此刻被困在无言的深渊中，他们彷徨于分岔的道路上。

图 8-21　生成男女主发生矛盾的剧情

▶▶ 步骤4 在 ChatGPT 中输入"请根据上面的内容，写一段男女主分道扬镳的故事画面，要求 70 字左右"，ChatGPT 的回答如图 8-22 所示。

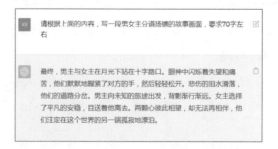

图 8-22　生成男女主分道扬镳的剧情

▶▶ 步骤5 在 ChatGPT 中输入"请根据上面的内容，写一段男女主重归于好的故事画面，要求 70 字左右"，ChatGPT 的回答如图 8-23 所示。

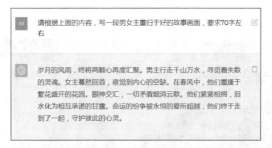

图 8-23　生成男女主重归于好的剧情

▶▶ 步骤 6　将 ChatGPT 的回答复制并粘贴到百度翻译当中，转换成英文，如图 8-24 所示。后面的回答也一并使用同样的方法转换成英文。

图 8-24　用百度翻译转换成英文

8.3.2　生成连续性漫画

扫码看视频

在使用 ChatGPT 生成相应的剧情式文案之后，后续可以根据文案内容，进行 AI 绘画，生成相应的图像画面，制作连续性漫画。下面以 Midjourney 为例，介绍生成连续性漫画的操作方法。

▶▶ 步骤 1　在 Midjourney 下面的输入框中输入 /，在弹出的列表框中选择 /imagine 指令，如图 8-25 所示。

图 8-25　选择 /imagine 指令

▶▶ 步骤 2　将 ChatGPT 转换成英文的文案进行复制，然后粘贴到 /imagine 指令的后面，再添加关键词"Makoto Shinkai style（新海诚风格）"，如图 8-26 所示。

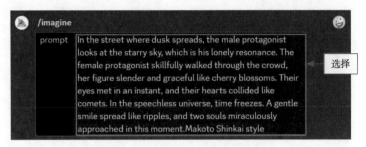

图 8-26　复制并粘贴关键词

▶▶ 步骤 3　按【Enter】键确认，即可根据文案生成四张新海诚风格的漫画图片，如图 8-27 所示。

▶▶ 步骤 4　从生成的四张图片当中选择最合适的一张，单击 U2 按钮，即可放大图片效果，生成男女主相遇的剧情图片，如图 8-27 所示。

图 8-27　根据文案生成图片（1）　　　图 8-28　图片放大效果（1）

▶▶ 步骤 5　用与上同样的方法，根据文案生成四张新海诚风格的漫画图片，如图 8-29 所示。

▶▶ 步骤 6　从生成的四张图片当中选择最合适的一张，单击 U2 按钮，即可放大图片效果，生成男女主约会的剧情图片，如图 8-30 所示。

▶▶ 步骤 7　继续跟进剧情，此时男女主发生矛盾，根据剧情文案生成四张漫画图片，如图 8-31 所示。

▶▶ 步骤 8　从生成的四张图片当中选择最合适的一张，单击 U2 按钮，即可放大图片效果，如图 8-32 所示。

图 8-29　根据文案生成图片（2）

图 8-30　图片放大效果（2）

图 8-31　根据文案生成图片（3）

图 8-32　图片放大效果（3）

▶▷ 步骤 9　因为种种原因，两人最终分道扬镳，根据剧情文案生成四张漫画图片，如图 8-33 所示。

▶▷ 步骤 10　从生成的四张图片当中选择最合适的一张，单击 U2 按钮，即可放大图片效果，如图 8-34 所示。

▶▷ 步骤 11　在春风中，他们重逢于繁花盛开的花园，两人重归于好，根据文案生成四张漫画图片，如图 8-35 所示。

▶▷ 步骤 12　从生成的四张图片当中选择最合适的一张，单击 U4 按钮，即可放大图片效果，如图 8-36 所示。

图 8-33　根据文案生成图片（4）

图 8-34　图片放大效果（4）

图 8-35　根据文案生成图片（5）

图 8-36　图片放大效果（5）

本章小结

　　本章首先向读者介绍了使用 AI 生成动漫风格文案和新海诚风格漫画的相关知识，然后帮助读者了解了使用剧情文案生成连续性漫画的操作技巧。通过对本章的学习，希望读者能够对 ChatGPT 和 Midjourney 运用得更加熟练。

课后习题

　　鉴于本章知识的重要性，为了帮助读者更好地掌握所学知识，本章将通过课后习题，帮助读者进行简单的知识回顾和补充。

　　1. 使用 ChatGPT 和 Midjourney 生成一张中国动漫风格的绘画作品。

　　2. 尝试使用 Midjourney 将真实人物转化为二次元漫画形象。

第 **9** 章

案例：写实摄影
风格作品绘制

随着人工智能技术的发展，AI 绘画日益成为全球
视觉艺术领域的热门话题。AI 算法的应用，使数字化
的绘画创作方式更加多样化，同时创意和表现力也得
到了新的提升。本章将通过两个写实摄影风格的作品
案例对 AI 绘画的相关操作流程进行全面介绍。

9.1 基础：建筑摄影风格的基本流程

AI 绘画程序通过将大量的图像数据输入深度学习模型中进行训练，建立模型的基础，然后使用训练好的模型来生成新的图像，这个过程又称为"生成"或"合成"。在此过程中，用户可以通过调整模型的参数和设置，对生成的图像进行优化和改进，使其更符合自己的需求和审美标准。本节将以 ChatGPT 和 Midjourney 为例，介绍 AI 绘画的基本流程。

扫码看视频

9.1.1 描述画面主体

描述画面主体是指用户需要画一个什么样的东西，要把画面的主体内容讲清楚。例如，我们要创作一幅徽派建筑的画作，可以先让 ChatGPT 帮我们生成关键词，然后再通过 Midjourney 进行绘画，具体操作方法如下。

▶▶ 步骤 1　在 ChatGPT 中输入关键词"你是一个 AI 画师，请帮我简单写 5 个描述徽派建筑特征的关键词，20 字左右"，ChatGPT 的回答如图 9-1 所示。

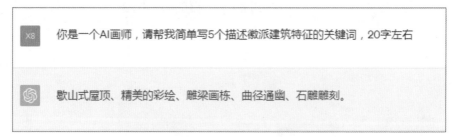

图 9-1　使用 ChatGPT 生成关键词

▶▶ 步骤 2　将这些关键词通过百度翻译转换为英文，如图 9-2 所示。

图 9-2　将关键词翻译为英文

▶▶ 步骤 3　在 Midjourney 中通过 /imagine 指令输入翻译后的英文关键词，生成初步的图片效果，如图 9-3 所示。

图 9-3　使用 Midjourney 绘制的图片效果

9.1.2　补充画面细节

扫码看视频

画面细节主要用于补充对主体的描述，如陪体、环境、景别、镜头、视角、灯光、画质等，让 AI 进一步理解你的想法。

例如，在上一例关键词的基础上，增加一些画面细节的描述，如"白墙灰瓦，有小花园，有小池塘，广角镜头，逆光，太阳光线，超高清画质"，将其翻译为英文后，再次通过 Midjourney 生成图片效果，具体操作方法如下。

▶▶ 步骤 1　在 Midjourney 中通过 /imagine 指令输入相应的关键词，如图 9-4 所示。

图 9-4　输入相应的关键词

> 专家提醒：画面细节可以包括光影、纹理、线条、形状等方面，用细节描述可以使画面更具有立体感和真实感，让观众更深入地理解和感受画面所表达的主题和情感。

▶▶ 步骤 2　按【Enter】键确认，即可生成补充画面细节关键词后的图片效果，如图 9-5 所示。

图 9-5　补充画面细节关键词后的图片效果

扫码看视频

9.1.3　指定画面色调

　　绘画中的色调是指画面中整体色彩的基调和色调的组合，常见的色调包括暖色调、冷色调、明亮色调、柔和色调等。色调在绘画中起着非常重要的作用，可以传达画家想要表达的情感和意境。不同的色调组合还可以创造出不同的氛围和情感，从而影响观众对于画作的感受和理解。

　　例如，在上一例关键词的基础上，删减一些无效关键词，并适当调整关键词的顺序，然后指定画面色调，如"柔和色调（soft colors）"，将其翻译为英文后，再次通过 Midjourney 生成图片效果，具体操作方法如下。

　　▶▶ 步骤 1　在 Midjourney 中通过 /imagine 指令输入相应的关键词，如图 9-6 所示。

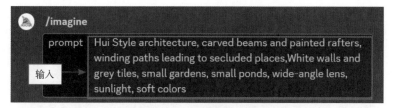

/imagine

prompt Hui Style architecture, carved beams and painted rafters, winding paths leading to secluded places,White walls and grey tiles, small gardens, small ponds, wide-angle lens, sunlight, soft colors

输入

图 9-6　输入相应的关键词

▶▶ 步骤 2 按【Enter】键确认，生成指定画面色调后的图片效果，如图 9-7 所示。

图 9-7　指定画面色调后的图片效果

9.1.4　设置画面参数

设置画面的参数能够进一步调整画面细节，除了 Midjourney 中的指令参数外，用户还可以添加 4K（超高清分辨率）、8K、3D、渲染器等参数，让画面的细节更加真实、精美。

例如，在上一例关键词的基础上，设置一些画面参数（如 4K --chaos 60），再次通过 Midjourney 生成图片效果，具体操作方法如下。

扫码看视频

▶▶ 步骤 1 在 Midjourney 中通过 /imagine 指令输入相应的关键词，如图 9-8 所示。

图 9-8 输入相应的关键词

▶▶ 步骤 2 按【Enter】键确认，生成设置画面参数后的图片效果，如图 9-9 所示。

图 9-9 设置画面参数后的图片效果

扫码看视频

9.1.5 指定艺术风格

艺术风格是指艺术家在创作过程中形成的独特表现方式和视觉语言，通常包括他们在构图、色彩、线条、材质、表现主题等方面的选择和处理方式。在 AI 绘画中指定作品的艺术风格，能够更好地表达作品的情感、思想和观点。

艺术风格的种类繁多，包括印象派、抽象表现主义、写实主义、超现实主义等。每种风格都有其独特的表现方式和特点，例如，印象派的色彩运用和光影效果、抽象表现主义的笔触和抽象形态等。

例如，在上一例关键词的基础上，增加一个艺术风格的关键词，如"超现实主义（surrealism）"，再次通过 Midjourney 生成图片效果，具体操作方法如下。

▶▶ 步骤1 在 Midjourney 中通过 /imagine 指令输入相应的关键词，如图 9-10 所示。

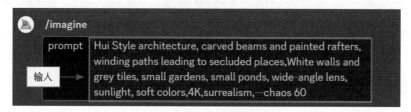

图 9-10 输入相应的关键词

▶▶ 步骤2 按【Enter】键确认，生成指定艺术风格后的图片效果，如图 9-11 所示。

图 9-11 指定艺术风格后的图片效果

扫码看视频

9.1.6　设置画面尺寸

画面尺寸是指 AI 生成的图像纵横比，也称为宽高比或画幅，通常表示为用比号分隔的两个数字，例如 7：4、4：3、1：1、16：9、9：16 等。画面尺寸的选择直接影响到画作的视觉效果，比如 16：9 的画面尺寸可以获得更宽广的视野和更好的画质表现，而 9：16 的画面尺寸则适合用来绘制人像的全身照。

例如，在上一例关键词的基础上设置相应的画面尺寸，如增加关键词 --aspect（外观）16：9，再次通过 Midjourney 生成图片效果，具体操作方法如下。

▶▶ 步骤 1　在 Midjourney 中通过 /imagine 指令输入相应的关键词，如图 9-12 所示。

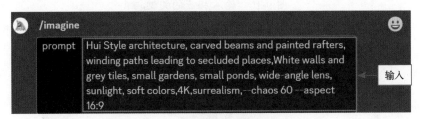

图 9-12　输入相应的关键词

▶▶ 步骤 2　按【Enter】键确认，生成设置画面尺寸后的图片效果，如图 9-13 所示。

图 9-13　设置画面尺寸后的图片效果

9.2 进阶：风光摄影风格的基本流程

AI 绘画工具通过将大量的图像数据输入到深度学习模型中进行训练，建立 AI 模型的基础，然后使用训练好的 AI 模型来生成新的图像，这个过程称为"生成"。在此过程中，用户可以通过调整 AI 模型的参数和设置，对生成的图像进行优化和改进，使其更符合自己的需求和审美标准。本节将以热门的 AI 绘画工具 Midjourney 为例，介绍生成照片效果的操作方法。

9.2.1 用 ChatGPT 生成照片关键词

在通过 AI 模型生成照片时，首先要描述画面主体，即用户需要画一个什么样的东西，要把画面的主体内容讲清楚。例如，我们要生成一张雪山风光的照片，可以先让 ChatGPT 生成关键词，然后再通过 Midjourney 进行 AI 绘画来生成照片。首先在 ChatGPT 中输入相应的关键词，对 ChatGPT 的 AI 模型进行训练，让它了解我们想要的大致内容格式，如图 9-14 所示。

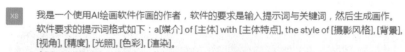

图 9-14　训练 ChatGPT 的 AI 模型

然后将想要生成的照片信息告诉给 ChatGPT，让它生成符合要求的关键词，ChatGPT 的回答如图 9-15 所示。

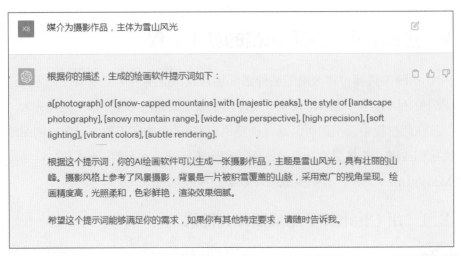

图 9-15　使用 ChatGPT 生成关键词

9.2.2　输入关键词自动生成照片

扫码看视频

在 ChatGPT 中生成照片关键词后，可以将其直接输入 Midjourney 中生成对应的照片，具体操作方法如下。

▶▶ 步骤 1　在 Midjourney 中调用 imagine 指令，输入在 ChatGPT 中生成的照片关键词，如图 9-16 所示。

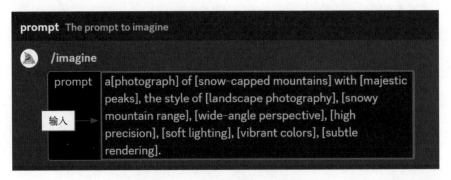

图 9-16　输入相应的关键词

▶▶ 步骤 2　按【Enter】键确认，Midjourney 将生成四张对应的图片，如图 9-17 所示。

图 9-17　生成四张对应的图片

9.2.3　添加摄影指令增强真实感

从图 9-17 中可以看到，直接通过 ChatGPT 的关键词生成的图片仍然不够真实，因此，需要添加一些专业的摄影指令来增强照片的真实感，具体操作方法如下。

▶▷ 步骤 1　在 Midjourney 中调用 imagine 指令输入相应的关键词，如图 9-18 所示，主要在上一例的基础上增加了相机型号、感光度等关键词，并将风格描述关键词修改为"in the style of photo-realistic landscapes（具有照片般逼真的风景风格）"。

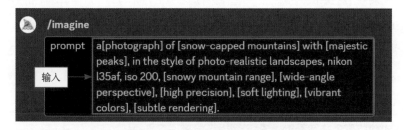

图 9-18　输入相应的关键词

▶▷ 步骤 2　按【Enter】键确认，Midjourney 将生成四张对应的图片，可以提升画面的真实感，效果如图 9-19 所示。

图 9-19　Midjourney 生成的图片效果

9.2.4　添加细节元素丰富画面效果

扫码看视频

接下来在关键词中添加一些细节元素的描写，以丰富画面效果，使 Midjourney 生成的照片更加生动、有趣和吸引人，具体操作方法如下。

▶▶ 步骤 1　在 Midjourney 中调用 imagine 指令输入相应的关键词，如图 9-20 所示，主要在上一例的基础上增加了一段关键词"a view of the mountains and river（群山和河流的景色）"。

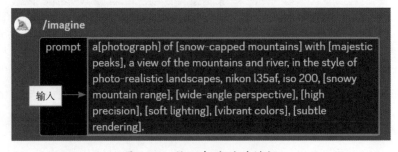

图 9-20　输入相应的关键词

▶▷ 步骤2 按【Enter】键确认，Midjourney 将生成四张对应的图片，可以看到画面中的细节元素更加丰富，不仅保留了雪山，而且前景处还出现了一条河流，效果如图 9-21 所示。

图 9-21　Midjourney 生成的图片效果

9.2.5　调整画面的光线和色彩效果

扫码看视频

接下来，增加一些与光线和色彩相关的关键词，增强画面的整体视觉冲击力，具体操作方法如下。

▶▷ 步骤1 在 Midjourney 中调用 imagine 指令输入相应的关键词，如图 9-22 所示，主要在上一例的基础上增加了光线、色彩等关键词。

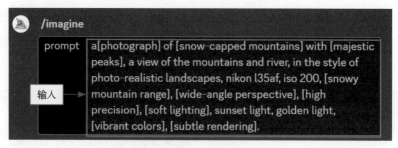

图 9-22　输入相应的关键词

▶▷ 步骤 2　按【Enter】键确认，Midjourney 将生成四张对应的图片，可以营造出更加逼真的影调，效果如图 9-23 所示。

图 9-23　Midjourney 生成的图片效果

扫码看视频

9.2.6　提升 Midjourney 的出图品质

最后增加一些出图品质关键词，并适当改变画面的纵横比，让画面拥有更加宽广的视野，具体操作方法如下。

▶▷ 步骤 1　在 Midjourney 中调用 imagine 指令输入相应的关键词，如图 9-24 所示，主要在上一例的基础上增加了分辨率和高清画质等关键词。

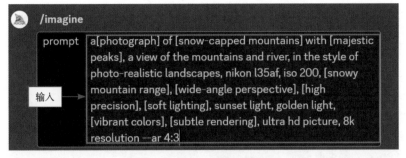

图 9-24　输入相应的关键词

▶▷ 步骤 2　按【Enter】键确认，Midjourney 将生成四张对应的图片，可以让画面显得更加清晰、细腻和真实，效果如图 9-25 所示。

图 9-25　Midjourney 生成的图片效果

▶▷ 步骤 3　单击 U4 按钮，放大第四张图片效果，如图 9-26 所示。

图 9-26 放大第四张图片效果

本章小结

本章向读者介绍了通过 Midjourney 生成写实摄影类 AI 作品的绘制流程，以建筑摄影和风光摄影为例，帮助读者了解如何通过增加相应的关键词生成所需要的 AI 作品的操作技巧。通过对本章的学习，希望读者能够对 Midjourney 更加熟练。

课后习题

鉴于本章知识的重要性，为了帮助读者更好地掌握所学知识，本章将通过课后习题，帮助读者进行简单的知识回顾和补充。

1. 使用 Midjourney 生成一张住宅风格的建筑摄影作品。
2. 使用 Midjourney 生成一张古镇风格的建筑摄影作品。

第 **10** 章

综合：AI 绘画的
多种风格展示

在前两章的案例实战中，已经介绍了从 ChatGPT
文案生成到 AI 绘图的整个流程，以及以摄影类作品为
例，介绍了以 Midjourney 为 AI 绘画生成平台的绘画
作品的具体生成步骤，本章将综合常见的几种 AI 作品，
通过横向展示的方式，向大家介绍 AI 绘画的几种风格。

10.1 人像：逼真写实的人物绘画

AI 可以生成逼真的人像类作品，在通过 AI 生成人像作品时，用户需要注重构图、光线、色彩和表情等关键词的描述，以营造出符合主题和氛围的画面效果，让 AI 生成的人像照片更具表现力和感染力，本节将为大家介绍五类人像作品。

10.1.1 环境人像

环境人像旨在通过将人物与周围环境有机地结合在一起，以展示人物的个性、身份和生活背景，通过环境与人物的融合来传达更深层次的意义和故事。下面以 Midjourney 为例，介绍生成人像作品的操作方法。

扫码看视频

▶▷ 步骤1 在 Midjourney 中通过 /imagine 指令输入相应的关键词，如图 10-1 所示。为了更好地展示出人物的全身效果，因此，特意将关键词 full body（全身）放到了靠前的位置上。

图 10-1 输入相应的关键词

▶▷ 步骤2 按【Enter】键确认，即可生成相应的人像作品，如图 10-2 所示。

图 10-2 生成相应的人像作品（人像全身照）

▶▶ 步骤3 如果要展现人物的近景，可以将关键词 full body 替换为 upper body close-up（上身特写），如图 10-3 所示。

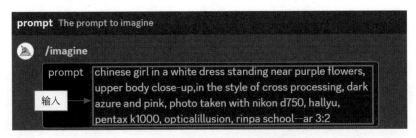

图 10-3　输入相应的关键词

▶▶ 步骤4 按【Enter】键确认，即可生成相应的人像特写作品，如图 10-4 所示。

图 10-4　生成相应的人像特写作品

10.1.2　生活人像

生活人像是一种以真实生活场景为背景的人像形式，与传统肖像不同，它更加注重捕捉人物在日常生活中的真实情感、动作和环境。

扫码看视频

171

生活人像追求自然、真实和情感的表达，通过记录人物的日常活动、交流和情感体验，强调生活中的细微瞬间，让观众感受到真实而独特的人物故事。图 10-5 所示为 AI 绘制的生活人像照片效果，添加了 bunny（兔子）和 stuffed animal（毛绒玩具）等关键词，以描述生活化的场景。

图 10-5　生活人像照片效果

在使用 AI 生成生活人像照片时，需要加入一些户外或居家环境的关键词，或添加合适的构图、光线等专业摄影类的关键词，从而将人物与环境融合在一起，使人物更具有真实性，创造出具有故事性和情感共鸣的 AI 作品。

10.1.3　儿童人像

儿童人像是一种专注于拍摄儿童的人像形式，它旨在捕捉孩子们纯真、活泼和可爱的瞬间，记录他们的成长和个性。

在用 AI 生成儿童人像照片时，关键词的重点在于展现出儿童的真实表情和情感，同时还要描述合适的环境和背景，以及准确捕捉到他们的笑容、眼神或动作等瞬间状态，效果如图 10-6 所示。

图 10-6　儿童人像照片效果

10.1.4　纪实人像

纪实人像是一种以记录真实生活场景和人物为目的的绘画形式，它强调捕捉人物的真实情感、日常生活及社会背景，以展现出真实的故事感。

在用 AI 生成纪实人像照片时，关键词的描述应该力求捕捉到人物真实的表情、动作、情感和个性，以便让人物自然而然地展示出真实的一面，效果如图 10-7 所示。纪实人像 AI 摄影的常用关键词有 in the style of candid photography style（坦率的摄影风格）、realist: lifelike accuracy（现实主义：逼真的准确性）等。

图 10-7　纪实人像照片效果

10.1.5　私房人像

扫码看视频

私房人像是指在私人居所或私密环境中拍摄的人像照片，着重于展现人物的亲密性和自然状态，通常在影楼拍摄。

私房人像常常在家庭、个人生活空间或特定的私人场所进行，通过独特的场景布置、温馨的氛围和真实的情感来捕捉个人的生活状态，创造独特的形象和记忆。

在用 AI 生成私房人像照片时，需要强调舒适和放松的氛围感，让人物在熟悉的环境中表现出更为自然的面部表情，以及和谐的动作，并营造出更贴近真实生活的画面感，效果如图 10-8 所示。

图 10-8　私房人像照片效果

10.2　动物：生动自然的生物绘画

生成动物类作品，首先，要注重捕捉动物的形态和解剖结构，以便准确地再现其外貌特征，如果追求作品的逼真，需要考虑光线、构图、焦距、景别等关键词的描述，以绘制出真实、自然的动物效果图，本节将为大家介绍五类动物 AI 作品。

10.2.1　鸟　　类

扫码看视频

如果要成功拍出令人惊叹的鸟类照片，需要用户具备一定的摄影技巧和专注力，尤其是在拍摄鸟的眼睛和羽毛细节时，要求对鸟类进行准确的对焦。但在 AI 绘画中，我们只要用好关键词，即可轻松生成各种各样的、精美的鸟类摄影作品。下面介绍用 AI 生成鸟类摄影作品的操作方法。

▶▶ 步骤 1　在 Midjourney 中通过 /imagine 指令输入相应的关键词，如 "colorful bird sitting on branch of grass（五颜六色的鸟蹲在树枝上）"，如图 10-9 所示。

图 10-9　输入主体描述关键词

▶▶ 步骤2　按【Enter】键确认，生成相应的画面主体，效果如图 10-10
所示，可以看到整体风格不够写实。

图 10-10　主体效果

▶▶ 步骤3　继续添加关键词"in the style of photo-realistic techniques
（在照片逼真技术的风格中）"后生成的图片效果，如图 10-11 所示，让画面偏
现实主义风格。

图 10-11　微调风格后的效果

▶▶ 步骤 4　继续添加关键词"in the style of dark emerald and light amber（深色祖母绿和浅琥珀色）"后生成的图片效果，如图 10-12 所示，指定画面的主体色调。

▶▶ 步骤 5　继续添加关键词"soft yet vibrant（柔软而充满活力）"后生成的图片效果，如图 10-13 所示，指定画面的影调氛围。

图 10-12　微调色调后的效果　　　　图 10-13　微调影调后的效果

▶▶ 步骤 6　继续添加关键词"birds & flowers, minimalist backgrounds（鸟和花，极简主义背景）"后生成的图片效果，如图 10-14 所示，微调画面的背景环境。

▶▶ 步骤 7　继续添加关键词"emotional imagery（情感意象）"后生成的图片效果，如图 10-15 所示，唤起特定的情感。

图 10-14　微调背景环境效果　　　　图 10-15　唤起特定的情感效果

▶▶ 步骤8 继续添加关键词"Ultra HD Picture −−ar 8 ：5(超高清画面)"
后生成的图片效果，如图 10-16 所示，调整画面的清晰度和比例。

colorful bird sitting on branch of grass,in the style of photo-realistic techniques,in the style of dark emerald and light amber,soft yet vibrant,birds & flowers, minimalist backgrounds,emotional imagery,Ultra HD Picture --ar 8:5 --niji 5 - @shawn77 (fast)

图 10-16 调整清晰度和比例效果

▶▶ 步骤9 单击 U2 按钮，以第二张图为模板，生成相应的大图效果，如
图 10-17 所示，最终的鸟类摄影效果图。具有清晰、细节丰富的图像效果，更好
地展现鸟类的特点，以增强视觉冲击力。

图 10-17 生成大图效果

扫码看视频　扫码看视频

10.2.2　哺乳类

哺乳类动物是一类具有特征性哺乳腺、产仔哺育和恒温的脊椎动物，包括大象、狮子、熊、海豚、猴子和人类等多样的物种。在用 AI 生成哺乳动物照片时，需要了解它们的行为习性和栖息地，以获得真实的画面效果。

图 10-18 所示为一张 AI 生成的狮子照片，狮子通常生活在大草原，因此，添加了关键词"plain with brush and grass（有灌木丛和草地的平原）"，能够更好地展现出狮子的生活习性。

图 10-18　AI 生成的狮子照片

图 10-19 所示为一张 AI 生成的海豚照片，海豚喜欢在海面上跳跃，因此，添加了关键词"jumping off in water（在水中跳跃）"，能够展示出海豚灵巧的身姿。

图 10-19　AI 生成的海豚照片

10.2.3　宠　　物

宠物是人类驯养和喜爱的动物伴侣，它们种类繁多、外貌各异。有些宠物具有可爱的外表，如小型犬、猫咪、兔子、仓鼠等；而其他宠物可能具有独特的外貌，如蜥蜴、鹦鹉等。

图 10-20 所示为一张 AI 生成的小狗照片，在关键词中描述了小狗的颜色、表情和性格特征，同时对于背景环境进行了说明，并采用浅景深的效果，有效突出画面主体，给人一种温暖和舒适的视觉感受。

图 10-20　AI 生成的小狗照片

图 10-21 所示为一张 AI 生成的兔子照片，在关键词中不仅描述了主体的特点，同时添加了晕影（dark corner, blurred）、特写（close-up）等关键词，将背景进行模糊处理，从而突出温柔和机灵的兔子主体。

第 10 章

综合：AI 绘画的多种风格展示

图 10-21　AI 生成的兔子照片

扫码看视频　扫码看视频

10.2.4　鱼　　类

鱼类是一类生活在水中的脊椎动物，它们的身体通常呈流线形，覆盖着鳞片。鱼类栖息在各种水域，它们的形态、行为和习性因物种而异，形成了丰富多样的鱼类生态系统。

图 10-22 所示为一张 AI 生成的金鱼照片，金鱼的颜色和花纹通常都比较华丽，因此，添加了关键词"in the style of light pink and dark orange（颜色和图案有浅粉色和深橙色）""bold colors and patterns（大胆的颜色和图案）"等关键词，增加了金鱼的美感。

图 10-22　AI 生成的金鱼照片

除了用 AI 绘制单一的鱼类外，还可以用 AI 模拟出水下世界的场景，将各种鱼类遨游的画面绘制出来，可以展现鱼类的美丽色彩、优雅的游动姿态和迷人的生态环境，效果如图 10-23 所示。

图 10-23　AI 生成的水下世界照片

扫码看视频　扫码看视频

10.2.5　昆　虫

昆虫是一类无脊椎动物，它们种类繁多、形态各异，包括蝴蝶、蜜蜂、甲虫、蚂蚁等。昆虫通常具有独特的身体形状、多彩的体色，以及各种触角、翅膀等特征，这使得昆虫成为生物界中的"艺术品"。

图 10-24 所示为一张 AI 生成的蝴蝶照片，由于蝴蝶的颜色多种多样，因此，在关键词中加入了大量的色彩描述词，呈现出令人惊叹的视觉效果。

图 10-24　AI 生成的蝴蝶照片

图 10-25 所示为一张 AI 生成的蚂蚁照片，蚂蚁的身体非常微小，因此，在关键词中加入了大光圈和微距镜头等描述词，展现出大自然中的神奇微距世界。

图 10-25　AI 生成的蚂蚁照片

10.3　建筑：展现设计美学的结构绘画

建筑作品是一种记录和表现建筑物外观、结构和细节的题材，它可以展现建筑物的美学和功能，通过 AI 绘画师的视角和技巧，将建筑物的设计、材料和色彩呈现出来。使用 AI 生成建筑作品时，需要考虑角度、色彩、对比度、绘画风格等关键词的描述，以突出建筑物的特点和个性。

10.3.1　桥　　梁

扫码看视频

桥梁是一种特殊的建筑题材，它主要强调对桥梁结构、设计和美学的表现。在用 AI 生成桥梁照片时，不仅需要突出桥梁的线条和结构，还需要强调环境与背景，同时还要注重光影效果，通过关键词的巧妙构思和创意处理，展现桥梁的独特美感和价值。下面通过一个实例介绍用 AI 生成桥梁作品的操作方法。

▶▶ 步骤 1　在 Midjourney 中输入主体描述关键词"this bridge is red, long（这座桥是红色的，很长）"，生成的图片效果如图 10-26 所示，此时画面中只有主体对象，背景不够明显。

▶▶ 步骤 2　添加背景描述关键词"and spanning water, The background is light sky blue（横跨水面，背景是淡天蓝色）"，生成的图片效果如图 10-27 所示，增加背景元素。

图 10-26　桥梁主体图片效果

图 10-27　添加背景描述关键词后的
图片效果

专家提醒：桥梁作为一种特殊的建筑类型，其线条和结构非常重要，因此，在生成 AI 照片时需要通过关键词突出其线条和结构的美感。

▶▷ 步骤3　添加色彩关键词 "strong color contrasts, vibrant color usage, light red and red（强烈的色彩对比，鲜艳的色彩使用，浅红色和红色）"，生成的图片效果如图 10-28 所示，让画面的色彩对比更加明显。

▶▷ 步骤4　添加光线和艺术风格关键词 "luminous quality, danube school（发光质量，多瑙河学派）"，生成的图片效果如图 10-29 所示，让画面产生一定的光影感，并且形成某种艺术风格。

图 10-28　添加色彩关键词后的图片效果

图 10-29　添加光线和艺术风格关键词
后的图片效果

▶▶ 步骤5 添加构图关键词"Profile（侧面）"，并指定画面的比例"--ar 3∶2（画布尺寸为3∶2）"，生成的图片效果如图 10-30 所示，让画面从正面转变为侧面，可以形成生动的斜线构图效果。

图 10-30 添加构图关键词后的图片效果

▶▶ 步骤6 单击 U1 按钮，放大第一张图片的大图效果，如图 10-31 所示，这张图片的色彩对比非常鲜明，而且具有斜线构图、透视构图和曲线构图等形式，形成了独特的视觉效果。

图 10-31 桥梁作品的大图效果

10.3.2　钟　　楼

　　钟楼在古代的主要功能是击钟报时，它是一种具有历史和文化价值的传统建筑物。通过 AI 生成钟楼照片，可以记录下它的外形和建筑风格，同时也能让观众欣赏到一座城市的历史韵味和建筑艺术，效果如图 10-32 所示。

图 10-32　钟楼照片效果

　　在钟楼照片的关键词中，不仅详细描述了主体的清晰度、颜色，而且还加入了关键词 monolithic structures（整体结构），主要用于保持建筑的整体性，从而完整地展现出钟楼建筑的外形特点。

10.3.3　住　　宅

扫码看视频　　扫码看视频

　　住宅是人们居住和生活的建筑物，它的外形特点因地域、文化和建筑风格而异，通常包括独立的房屋、公寓楼、别墅或传统民居等类型。通过 AI 绘画，可以记录下住宅的美丽和独特之处，展现出建筑艺术的魅力。

图 10-33 所示为 AI 生成的公寓楼照片效果，在关键词中不仅加入了风格描述，而且还给出了具体的地区，让 AI 能够生成更加真实的照片效果。

图 10-33　公寓楼照片效果

图 10-34 所示为 AI 生成的别墅照片效果，别墅是一种豪华、宽敞的独立建筑，除了精心设计的外观外，往往占地面积较大，拥有宽敞的室内空间和私人的庭院或花园，这些特点都可以写入关键词中。

> 专家提醒：在用 AI 生成住宅照片时，可以添加合适的角度、构图关键词，突出建筑物的美感和独特之处。同时，还可以添加线条、对称性和反射等关键词，增强建筑照片的视觉效果。

图 10-34　别墅照片效果

10.4　其他：多种流行风格作品展示

除了人像、动物、建筑等场景的 AI 作品，AI 还可以通过学习大量的风景照片，生成具有各种自然风光的绘画作品，包括山水、草原、银河等，同时也能生成具有中国元素特征的人文景观，如古镇、故宫等，本节将为大家介绍一些其他风格的 AI 作品。

扫码看视频

10.4.1　草　　原

一望无际的大草原是很多人向往的地方，它拥有非常开阔的视野，以及宽广的空间和辽阔的气势，因此，成为大家热衷的摄影创作对象。用 AI 生成草原风光照片时，通常采用横画幅的构图形式，具有更加宽广的视野，可以包容更多的元素，能够很好地展现出草原的辽阔特色。

图 10-35 所示为 AI 生成的大草原照片效果，在一片绿草如茵的草地上，有一群牛羊正在吃草，主要的色调是天蓝色和白色（sky-blue and white），并经过了色彩增强（colorized）处理，整个场景呈现出一种宁静而壮丽的自然景观，让人感受到大自然的美丽和生机勃勃。

关键词 hdr 是高动态范围（high dynamic range）的缩写，能够呈现更广泛的亮度范围和更多的细节，使整个画面更加生动、逼真。关键词 Zeiss Batis 18mm f/2.8 是指蔡司推出的一种超广角定焦镜头，使得照片具有广角视角。

图 10-35　大草原照片效果

扫码看视频

10.4.2　银　河

在黑暗的夜空下，星星闪烁、星系交错，美丽而神秘的星空一直吸引着人们的眼球。随着科技的不断进步和摄影的普及，越来越多的摄影爱好者开始尝试拍摄星空，用相机记录这种壮阔的神奇景观。

银河摄影主要是拍摄天空中的星空和银河系，能够展现出宏伟、神秘、唯美和浪漫等画面效果，如图 10-36 所示。

图 10-36　银河效果

在使用 AI 模型生成银河照片时，用到的重点关键词的作用分析如下。

（1）large the Milky Way（银河系）：银河系是一条由恒星、气体和尘埃组成的星系，通常在夜空中以带状结构展现，是夜空中的一种迷人元素。

（2）sony fe 24-70mm f/2.8 gm：是一款索尼旗下的相机镜头，它具备较大的光圈和广泛的焦距范围，适合捕捉宽广的星空场景。

10.4.3　烟　花

AI 生成的照片可以展现出烟花的闪耀、绚丽等画面效果，适合用来表达庆祝、浪漫和欢乐等情绪，效果如图 10-37 所示。

图 10-37　烟花效果

在使用 AI 模型生成烟花照片时，用到的重点关键词的作用分析如下。

（1）fireworks shooting through the air（烟花穿过空中）：描述了烟花在空中迸发、绽放的视觉效果，创造出灿烂绚丽的光芒和迷人的火花。

（2）colorful explosions（色彩缤纷的爆炸效果）：描述烟花迸发时呈现出多种色彩的视觉效果，让场景更加生动、更有活力。

10.4.4　古　镇

航拍古镇是指利用无人机等航拍设备对古老村落或城市历史遗迹进行全面记录和拍摄，可以展现出古镇建筑的美丽风貌、古村落的文化底蕴及周边的自然环境等，效果如图 10-38 所示。

图 10-38 航拍古镇效果

在使用 AI 模型生成航拍古镇照片时，用到的重点关键词的作用分析如下。

（1）villagecore（乡村核心）：这个关键词可以突出乡村生活和文化的主题风格，并展现出宁静、纯朴和自然的乡村景观画面。

（2）high-angle（高角度）：是指从高处俯瞰拍摄的视角，通过高角度拍摄可以提供独特的透视效果和视觉冲击力，突出场景中的元素和地理特点。

（3）aerial view（高空视角）：可以呈现出俯瞰全景的视觉效果，展示出地理特征和场景的宏伟与壮丽。

本章小结

本章主要向读者介绍了 AI 能够生成的多种绘画作品，以综合案例的形式介绍了 AI 绘画所生成的人像、动物、建筑类等绘画作品。通过对本章的学习，希望读者能够更好地了解 AI 绘画的全面性。

课后习题

鉴于本章知识的重要性，为了帮助读者更好地掌握所学知识，本章将通过课后习题，帮助读者进行简单的知识回顾和补充。

1. 使用 Midjourney 生成一幅植物类作品。

2. 使用 Midjourney 生成一幅人文古迹类作品。